自衛隊
一般曹候補生
合格テキスト

コンデックス情報研究所　編著

成美堂出版

本書の使い方

本書は、自衛隊一般曹候補生採用試験（筆記試験）の過去問を徹底的に研究し、出題頻度の高い重要項目をわかりやすく解説したものです。

採用試験突破のために必要な知識を、豊富な図表と解説で基礎から学べるようになっていますので、繰り返し読んで、実力アップをめざしましょう！

【重要度】
各項目の重要度を
☆の数でチェック！

【レッスンの Point】
そのレッスンで覚えたいこと、習いたいことが一目でわかる！

【ここが重要ポイント】
重要ポイントもわかりやすく解説！

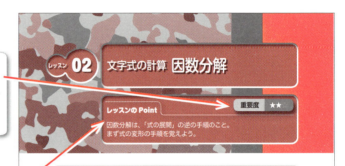

レッスン 02　文字式の計算　因数分解

重要度 ★★

レッスンの Point
因数分解は、「式の展開」の逆の手順のこと。
まず式の変形の手順を覚えよう。

◯因数分解は式の展開の逆

因数分解とは、レッスン 01 で学習した「式の展開」の逆の手順にあたる「式の変形」を指します。

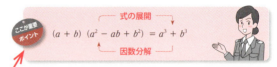

ここが重要ポイント

式の展開
$(a+b)(a^2-ab+b^2) = a^3+b^3$
因数分解

分配法則や乗法公式を用いて正確に式を展開し、その後、同類項をまとめていけば必ず正解にたどりつける式の展開と違い、式全体を積の形にしなければならない因数分解では、はじめからしっかりとした方針を立てないとすぐ行き詰まります。以下の失敗例と成功例を見てみましょう。

失敗例
$x^2 - y^2 + 2y - 1$
$= (x+y)(x-y) + 2y - 1$

成功例
$x^2 - y^2 + 2y - 1$
$= x^2 - (y^2 - 2y + 1)$
$= x^2 - (y-1)^2$
$= (x+y-1)(x-y+1)$

102

さらに！
「作文」も、過去の出題例の分析やていねいな解説で、自信を持って書けるようになるぞ！

【ここでチャレンジ！演習問題】
過去に出題された問題や予想問題で実戦力アップ！

【赤シート】
付属の赤シートで、正答番号やキーワードが隠せる！

自衛隊一般曹候補生　合格テキスト　1章　国語

ここでチャレンジ！演習問題

No.1 次の下線部の品詞のうち、分類が他と異なるものはどれか。
(1) おおいに注目され始めた。
(2) けっこう日常生活で機能している。
(3) あくまで正確に指定しなければならない。
(4) きわめて困難なことだ。
(5) あきらかに矛盾であろう。

正答：**(5)**
解説：(1) 副詞　(2) ＿＿＿　(3) ＿＿＿
　　　(4) 副詞　(5) ＿＿＿

国語　レッスン01　文法

ここが重要ポイント
語幹と思われる部分に「　」「　」を付けて意味が通れば形容動詞、意味が通らなければ副詞とおぼえる。(5) の「あきらかに」は「あきらかだ」「あきらかな」としても意味が通るので**形容動詞**である。

No.2 下の文の下線部の助動詞と意味が同じ用法であるものは次のうちどれか。

彼の服装は、若者らしい服装であった。
(1) 彼はとても男らしい。
(2) あの人はとても誠実らしい。
(3) あそこに隠れているのはどうやら彼らしい。
(4) 8時到着予定の飛行機は、遅れるらしい。
(5) 彼女は、どうやら女優らしい。

17

私たちが、**重要ポイント**を解説します。

自衛隊一般曹候補生　合格テキスト

CONTENTS

本書の使い方 ……………………………………………… 2
CONTENTS ……………………………………………… 4
ガイダンス ………………………………………………… 6

1章　国語

1章のレッスンの前に ……………………………………… 8
レッスン01 文法 ………………………………………… 10
レッスン02 敬語 ………………………………………… 21
レッスン03 漢字の読み ………………………………… 27
レッスン04 反対語 ……………………………………… 37
レッスン05 同音・同訓の漢字 ………………………… 43
レッスン06 熟語の意味 ………………………………… 53
レッスン07 四字熟語 …………………………………… 59
レッスン08 ことわざ・慣用句 ………………………… 66
レッスン09 文学史 ……………………………………… 73
レッスン10 長文読解（現代文） ……………………… 80
レッスン11 長文読解（古文） ………………………… 87

2章　数学

2章のレッスンの前に …………………………………… 96
レッスン01 文字式の計算　指数法則、分配法則、乗法公式 … 98
レッスン02 文字式の計算　因数分解 ………………… 102
レッスン03 絶対値 ……………………………………… 105
レッスン04 平方根 ……………………………………… 108
レッスン05 対称式 ……………………………………… 115
レッスン06 連立方程式 ………………………………… 119
レッスン07 1次不等式 ………………………………… 124
レッスン08 絶対値を含む方程式・不等式 …………… 130
レッスン09 連立方程式の文章題 ……………………… 133
レッスン10 2次関数のグラフ ………………………… 138
レッスン11 2次関数のグラフの読み取りとグラフの移動 143
レッスン12 2次関数の決定 …………………………… 149
レッスン13 2次関数の最大値・最小値 ……………… 153
レッスン14 2次方程式 ………………………………… 157

レッスン 15	放物線と直線の位置関係	162
レッスン 16	2次不等式	165
レッスン 17	三角比	168
レッスン 18	三角比の相互関係	174
レッスン 19	正弦定理と余弦定理	178
レッスン 20	面積と面積比	182
レッスン 21	体積と体積比、表面積	188

3章　英　語

3章のレッスンの前に	194
レッスン 00	英文の基礎	196
レッスン 01	アクセントと発音	201
レッスン 02	反意語と派生語	208
レッスン 03	比　較	217
レッスン 04	前置詞	224
レッスン 05	助動詞	231
レッスン 06	不定詞と動名詞	241
レッスン 07	否　定	256
レッスン 08	時　制	262
レッスン 09	会話、その他の重要表現	267

4章　作　文

4章のレッスンの前に	274
レッスン 01	作文とは「自分の考え」を「論理的に」説明することだ！	276
レッスン 02	守るべき14の基本ルール	278
レッスン 03	文章表現のコツは「段落」にあり！	284
レッスン 04	各出題テーマに対してのアプローチ	286
レッスン 05	ここが評価される！	290
レッスン 06	本番ではここに気をつけよう	296
レッスン 07	実際に解答例を見てみよう	300

さくいん　318

自衛隊一般曹候補生採用試験ガイダンス

■一般曹候補生とは

　一般曹候補生とは、18歳以上33歳未満の者を対象に、陸上、海上、航空各自衛隊の部隊勤務を通じて、その基幹隊員となる陸・海・空曹自衛官を養成する制度です。応募資格年齢を比較的広くとっているため、高校新卒者はもちろん、高専卒、大卒、社会人経験者まで多様な経歴を持った人材が一般曹候補生として入隊します。

◎**応募資格**：日本国籍を有する18歳以上33歳未満の者
　　　　　　※32歳の者は、採用予定月の末日現在、33歳に達していない者
◎**試験科目**：1次（筆記試験及び適性検査）
　　　　　　2次（口述試験及び身体検査）
◎**試験回数**：年2〜3回
◎**試験対象**：翌年3月高等学校卒業予定者または中等教育学校卒業予定者は、2回目以降の試験のみ受験できます。
◎**募集期間、試験日程及び合格発表**：お近くの地方協力本部にお問い合わせください（下記の自衛官募集ホームページで確認できます）。
◎**入隊**：翌年3月下旬〜4月上旬
　　　　上記の他に設定される場合があります。
◎**処遇・その他**：入隊後約2年9月経過以降選考により3等陸・海・空曹に昇任

自衛官募集ホームページ
https://www.mod.go.jp/gsdf/jieikanbosyu/index.html

※本ページの情報は編集時のものです。変更される場合がありますので、応募される方は、必ず事前にご自身で最新の情報をご確認ください。

自衛隊一般曹候補生
合格テキスト

1章

国　語

1章のレッスンの前に	8
レッスン01 文法	10
レッスン02 敬語	21
レッスン03 漢字の読み	27
レッスン04 反対語	37
レッスン05 同音・同訓の漢字	43
レッスン06 熟語の意味	53
レッスン07 四字熟語	59
レッスン08 ことわざ・慣用句	66
レッスン09 文学史	73
レッスン10 長文読解（現代文）	80
レッスン11 長文読解（古文）	87

1章のレッスンの前に

国語の試験では次のような内容が出題されます

文法に関する問題
　文法の問題は、品詞の分類、またその用法を問うものなど、さまざまな形式で出題されます。品詞の種類や用法をひととおり確認したら、実際に問題を解いてみましょう。苦手な品詞、問題形式などについて、本書の問題を解くためのポイントを参考にしたり、再度、品詞の用法などにもどって確認するようにしましょう。
　敬語の問題は、尊敬語と謙譲語について出題されます。主な動詞や名詞について、尊敬語と謙譲語をセットで覚えておきましょう。

語彙に関する問題
　漢字の読み、反対語、同音・同訓の漢字の問題などは、よく出題されるものからチェックし、覚えていきましょう。漢字について、意識して意味の違いや使い分けを学習することにより、文章中の誤った用法の漢字や誤字にも気づくなど、総合的な漢字の実力もアップすることになります。
　四字熟語、ことわざ・慣用句の問題は、その意味を問われる問題が多く出題されます。うろ覚えのものや、考えていたものとは別の意味を持つものを改めてチェックし、覚えていきましょう。

文学史に関する問題
　文学史の問題は、作品や作者の組み合わせを問う問題だけではなく、古典文学では作品、近代～現代文学では作者の説明文を読み、それぞれ該当する作品、作者を選ぶ問題も出題されます。古典文学の作品のジャンルや特徴、近代～現代文学の作者の情報なども覚えておくとよいでしょう。

長文読解に関する問題
　現代文の問題は、要旨把握と内容把握、どちらを問われているかが重要です。意識して、問題を解きましょう。
　古文の問題は、問題文の内容（全体、または下線部など）を問われる問題が出題されます。口語訳に必要となる、現代語と意味の異なる単語や、内容を理解するカギとなる主な文法を覚えておきましょう。
　現代文、古文のどちらについても、長文読解ではさまざまな文章が問題文として使用されます。過去に出題された問題を多く解き、いろいろなパターンの問題に慣れておきましょう。

各レッスン内容の概要

本章では、国語試験の対策として、文法などの確認すべき基礎知識に加え、漢字や語彙など覚えるべき項目には過去に出題された問題を中心に掲載しました。演習問題では、過去問題をもとにした問題で、実際に問題を解く練習を行っていく内容となっています。

レッスン01 文法 品詞の種類・用法を確認し、過去問題をもとにした演習問題で問題を解くノウハウを学習していきます。

レッスン02 敬語 出題の中心となる尊敬語と謙譲語の基本について学習していきます。

レッスン03 漢字の読み 過去に出題された漢字の読み、特別な音訓、当て字・熟字訓などを学習していきます。

レッスン04 反対語 熟語に対して、それと反対の意味を持つ熟語を一緒に覚えていきます。

レッスン05 同音・同訓の漢字 同音・同訓異字や同音異義の漢字の、意味の違いや使い分けを学習していきます。

レッスン06 熟語の意味 過去に出題された問題をもとに、熟語の構成と意味を考えていきます。

レッスン07 四字熟語 四字熟語の意味と、関連する類義語や対義語をあわせて学習していきます。

レッスン08 ことわざ・慣用句 ことわざ・慣用句の意味から、もとのことわざ・慣用句がわかるように覚えていきます。

レッスン09 文学史 作品や作者を覚えるとともに、作品のジャンルや作者の情報などの知識を深めていきます。

レッスン10 長文読解(現代文) 出題される問題の種類について分析し、正答を得るためのノウハウを学習していきます。

レッスン11 長文読解(古文) 口語訳(現代語訳)のために必要な重要古語や重要文法事項を覚えていきます。

レッスンの Point

重要度 ★★★

品詞の種類や用法を確認したら、演習問題で実際に問題を解いてみよう。

　文法に関する問題は、毎回さまざまな形式で出題されています。文章を構成する品詞の種類や用法を整理し、用例などで確認していきましょう。近年では、次のような出題パターンがあります。

出題パターン①

　品詞や品詞の用法などを問う問題。
［例］次の文の下線部と意味が同じ用法であるものはどれか。
　今年の夏は昨年の夏ほど暑くないと思う。
（1）手術は早ければ早いほどいいと医者に言われた。
（2）子どもの頃、耳が痛くなるほど母に注意された。
（3）あなたの話は聞けば聞くほど涙が出てくる。
（4）あの会社の社長ほどよく働く人はいない。
（5）彼女は健康のために毎朝5キロほど走っている。

正答　(4)

この他にも、自立語について、主語と述語の関係についてなどの問題もあります。品詞の種類や用法を確認したら、演習問題で実際に問題を解いてみましょう。問題を解くための重要ポイントなども紹介しています！

○品詞の種類

品詞は、単語を文法上の性質、形、働きにより分類したもので、<u>11の品詞</u>に分類されます。

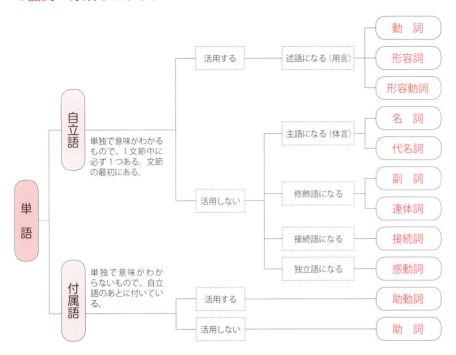

○自立語

単独で意味がわかるもので、1文節中に必ず1つ、文節の最初にあります。

動詞

動詞は、活用があり、述語となります。言い切りの形（終止形）が「ウ段」で終わり、動作・存在・作用を表します。（例：[動作] 学校へ<u>行く</u>。 [存在] 庭に犬が<u>いる</u>。 [作用] 雨が<u>降る</u>。）

動詞の活用形の例は次表となります。

活用の種類	語例	語幹	未然形 (〜ナイ、ウ、ヨウなど)	連用形 (〜マス)	終止形 (言い切る)	連体形 (〜トキ)	仮定形 (〜バ)	命令形 (命令して言い切る)
五段活用	咲く	咲	か	き	く	く	け	け
上一段活用	起きる	起	き	き	きる	きる	きれ	きろ・きよ
下一段活用	乗せる	乗	せ	せ	せる	せる	せれ	せろ・せよ
カ行変格活用	来る	○	こ	き	くる	くる	くれ	こい
サ行変格活用	する	○	し・せ・さ	し	する	する	すれ	しろ・せよ

(活用表は、口語の活用例です。語幹の○は語幹と語尾の区別のないことを示します。)

未然形――まだそうなっていないこと
連用形――用言(動詞、形容詞、形容動詞)などに続く
連体形――体言(名詞、代名詞)などに続く

形容詞・形容動詞

形容詞・形容動詞は、活用があり、述語となります。

形容詞は、言い切りの形(終止形)が「い」で終わり、ものの性質や状態を表します。(例:[性質] 姉は、優しい。 [状態] スズランの花は、白い。)

形容動詞は、言い切りの形(終止形)が「だ(です)」で終わり、ものの性質や状態を表します。「だ」を、「な」に置き換えることができます。(例:静かだ 静かな湖面)

形容詞・形容動詞の活用形の例は次表となります。

品詞	語例	語幹	未然形 (〜ウ)	連用形 形(〜タ・ナル) 形動(〜タ・アル・ナル)	終止形 (言い切る)	連体形 (〜トキ)	仮定形 (〜バ)	命令形
形容詞	高い	高	かろ	かっ	い	い	けれ	(なし)
	正しく	正し		く				
形容動詞	静かだ	静か	だろ	だっ で に	だ	な	なら	(なし)
	元気だ	元気						

(活用表は、口語の活用例です。)

名詞・代名詞

名詞・代名詞は、活用がなく、助詞を伴い主語となります。

名詞は、物や事柄の名前を表します。(例：[普通名詞] 公務員　[固有名詞] 日本、防衛省　[数詞] 個　[形式名詞] こと)

代名詞は、物事の名を言わずに直接に指し示したりします。(例：わたくし、あなた、これ、それ、あれ、どれ　など)

副詞・連体詞

副詞・連体詞は、活用がなく、主語になりません。

副詞は、修飾語となり、主に用言（動詞、形容詞、形容動詞）を修飾します。(例：すべて、ころころ（と）、まるで、たいへん、たぶん、もし、なぜ　など)

連体詞は、修飾語となり、体言（名詞、代名詞）のみを修飾します。(例：あの、その、この、わが、おかしな、あらゆる、たいした、さる　など)

その他の自立語

接続詞は、活用がなく、接続語として文や文節をつなぎます。
例：　[順接] だから、ゆえに　　　[逆接] しかし
　　　[並列] および、また（は）　[添加] そのうえ
　　　[対比・選択] あるいは　　　[説明] たとえば
　　　[補足] ただし　　　　　　　[転換] ところで

感動詞は、活用がなく、主語・修飾語・接続語とならず、独立語として使用されます。
例：　[感動] おお　　　　　　　　[挨拶] おはよう
　　　[掛け声] よいしょ　　　　　[応答] はい
　　　[呼びかけ] もしもし

○付属語

単独で意味がわからないもので、自立語のあとに付いています。

助動詞

助動詞は、活用があり、自立語に付いて意味を付け加えます。
助動詞の意味や使い方の例は次表となります。

助動詞	意味	用例	助動詞	意味	用例
せる させる	使役	字を書か<u>せる</u>。 回収<u>させる</u>。	だ です	断定	すべて真実<u>だ</u>。 彼は、高校の同級生<u>です</u>。
れる られる	受身	先生に注意<u>される</u>。	ぬ ない	打消	誰だかわから<u>ぬ</u>。 彼では<u>ない</u>。
	可能	このきのこは食べ<u>られる</u>。	らしい ようだ	推定	ビルが建つ<u>らしい</u>。 雨はやんだ<u>ようだ</u>。
	自発	当時のことが思い出<u>される</u>。			
	尊敬	先生が家庭訪問に来<u>られる</u>。			
た(だ)	過去	昨日、雨が降っ<u>た</u>。	そうだ	伝聞	彼は宝くじに当たった<u>そうだ</u>。
	完了	やっと、山の頂上に着い<u>た</u>。		様態	明日には在庫がなくなり<u>そうだ</u>。
	存続	壁にかけ<u>た</u>絵。			

　助動詞の活用形は、**未然形**（~<u>ナイ</u>・<u>ウ</u>・<u>ン</u>）、**連用形**（~<u>マス</u>・<u>タ</u>・<u>テ</u>・<u>アル</u>・<u>ナル</u>）、**終止形**（言い切る）、**連体形**（~<u>ノ</u>・<u>ノデ</u>・<u>ノニ</u>）、**仮定形**（~<u>バ</u>）、**命令形**（命令で言い切る）となります。

助詞

助詞は、活用がなく、自立語に付いて文節を作ります。
助詞の種類は4種類あります。

格助詞	体言（名詞、代名詞）に付き、体言とその下の語句との関係を示す助詞。 （例：~が、~の、~を、~に、~へ、~と、~から、~より、~で　など）	
接続助詞	主に活用する語句に付いて、前後をつなぐ助詞。 （例：~ば、~と、~ても（でも）、~けれど（けれども）、~が、~のに、~ので、~から、~し、~て（で）、~ながら、~たり　など）	
副助詞	いろいろな語句に付いて、ある意味を添える助詞。 （例：~まで、~ばかり、~だけ、~ほど、~くらい（ぐらい）、~など、~なり、~やら、~か　など）	
終助詞	文末に付いて、話し手や書き手の気持ちや感情を表す助詞。 （例：~か、~な、~よ、~ぞ、~ぜ、~とも、~の、~わ　など）	

助詞は用言・体言などに付いて、「主語」「連体修飾語」「連用修飾語」「接続語」「並立の関係」「補助の関係」などの働きをします。

助詞の用法の例 (用法は主なものの一部です。)

	「から」
格助詞	・**起点（空間）**：教室から出る。**（時間）**：九月から二学期が始まる。**（物や情報の与え手としての主語）**：わたしから説明します。 ・**使役や受身の動作主**：先生からほめられた。 ・**原料**：大豆からとうふを作る。
接続助詞	・**確定の順接（原因・理由）**：この荷物は重いから、気をつけて運んでください。

	「が」
格助詞	・**主語**：鈴木さんが話をした。空が青い。 ・**存在するもの**：机の上に花瓶がある。 ・**感情の向かう対象**：歌が好きだ。虫がきらいだ。（他に　なつかしい、こわい、悲しい、うれしい　など）
接続助詞	・**対比**：演技は上手だが、声が聞き取りにくい。

	「と」
格助詞	・**行為を一緒に行う**：鈴木さんは山田さんと外出した。 ・**２つ以上の名詞を並べる**：田中さんと中野さんが来た。 ・**対比の目標**：伊藤さんは私の叔母と似ている。 ・**話や考えなどの引用**：「こんにちは」とあいさつした。
接続助詞	・**順接の仮定条件**：春になると桜が咲きます。

	「か」
副助詞	・**不確実な意味**：どういう手違いか、荷物が届いていない。 ・**選択**：半年たつかたたないうちに、彼は退職した。
終助詞	・**疑問**：これはだれの本ですか。 ・**反語**：こんな偶然がまたとあるだろうか。 ・**詠嘆や感動**：長い戦いもこれで終わりか。

「に」（格助詞）

- 時：夕方に待ち合わせをした。
- 帰着点（移動の対象の到着点）：壁に写真をはる。
- 場所：公園に鈴木さんがいます。
- 帰着点（移動の到着場所）：家に帰った。
- 変化の結果：氷が水になった。
- 対比の目標：山田さんは父に似ている。
- 物や情報の受け取り手：姉にプレゼントを贈る。
- 動作の相手：友達に相談する。犬が隣人にほえた。
- 行為の目的：白熱した議論に水をさす。買い物に行った。
- 使役・受身を表す動詞の動作主：部下に報告をさせます。先生にほめられた。

「の」（格助詞）

- 主語：母の作った料理です。
- 所有・限定：鈴木さんのかばんです。庭の花。机の下。（上、下、中、前、後　など）

「を」（格助詞）

- 動作の対象：本を読んだ。
- 移動の出発点・通過点・経路：10時に家を出ます。交差点を左に曲がる。この道を通って帰ります。
- 継続する期間や事柄：楽しい休暇を過ごしました。雨の中を歩いた。

「ながら」（接続助詞）

- 動作の並行：テレビを見ながら問題を解いた。
- 逆接：知っていながら知らないふりをした。
- 状態の継続：昔ながらの食堂

「て」（接続助詞）

- 並列：象は大きくて鼻が長い。
- 継起する動作・作用：春が過ぎて、夏がやってきた。
- 原因・理由：体が疲れて、話をするのがおっくうだ。

「ほど」（副助詞）

- 状態の程度：耳が痛くなるほど言われました。
- 大体の量：5分ほどかかります。
- 打消の語と呼応し程度の比較を表す：今年の夏は、昨年の夏ほど暑くない。

自衛隊一般曹候補生　合格テキスト　1章　国語

ここでチャレンジ！演習問題

No.1 次の下線部の品詞のうち、分類が他と異なるものはどれか。
(1) <u>おおいに</u>注目され始めた。
(2) <u>けっこう</u>日常生活で機能している。
(3) <u>あくまで</u>正確に指定しなければならない。
(4) <u>きわめて</u>困難なことだ。
(5) <u>あきらかに</u>矛盾であろう。

正答：(5)
解説：(1) 副詞　　(2) 副詞　　(3) 副詞
　　　(4) 副詞　　(5) 形容動詞

語幹と思われる部分に「だ」「な」を付けて意味が通れば形容動詞、意味が通らなければ副詞とおぼえる。(5)の「あきらかに」は「あきらかだ」「あきらかな」としても意味が通るので形容動詞である。

No.2 下の文の下線部の助動詞と意味が同じ用法であるものは次のうちどれか。

彼の服装は、若者<u>らしい</u>服装であった。
(1) 彼はとても男<u>らしい</u>。
(2) あの人はとても誠実<u>らしい</u>。
(3) あそこに隠れているのはどうやら彼<u>らしい</u>。
(4) 8時到着予定の飛行機は、遅れる<u>らしい</u>。
(5) 彼女は、どうやら女優<u>らしい</u>。

正答：(1)
解説：問題文の「らしい」は、形容詞「若者らしい」の一部である。
- (1) ○ 形容詞「男らしい」の一部である。
- (2) × 推定を表す助動詞である。
- (3) × 推定を表す助動詞である。
- (4) × 推定を表す助動詞である。
- (5) × 推定を表す助動詞である。

問題文の「らしい」は、体言（名詞、代名詞）や形容動詞の語幹などに付いて形容詞をつくる。またこれとは別に、動詞・形容詞の終止形や体言（名詞、代名詞）、形容動詞の語幹について推定の意を表す助動詞の「らしい」もある。

No.3 下の文の下線部の助動詞と意味が同じ用法であるものは次のうちどれか。

あと1週間で在庫がなくなり<u>そうだ</u>。
1. 彼は先週の日曜日も出勤した<u>そうだ</u>。
2. この雲行きだともうすぐ雨が降り<u>そうだ</u>。
3. <u>そうだ</u>、今年の夏はみんなで沖縄に行こう。
4. あの店もついに来月、閉店する<u>そうだ</u>。
5. あの人は宝くじの1等に当たった<u>そうだ</u>。

正答：(2)
解説：問題文の「そうだ」は、動詞の連用形に付いて、様態を表す。
- (1) × 助動詞に付いて、伝聞を表す。
- (2) ○ 動詞の連用形に付いて、様態を表す。
- (3) × 感動詞である。
- (4) × 動詞の終止形に付いて、伝聞を表す。
- (5) × 助動詞に付いて、伝聞を表す。

> 助動詞の「そうだ」には、「様態」と「伝聞」の2つの意味がある。「そうだ」の前で区切って、意味が通じない場合は「様態」、意味が通じる場合は「伝聞」となる。
> ・在庫がなくなりそうだ→「様態」
> ・在庫がなくなるそうだ→「伝聞」

No.4 下の文の下線部のなかで、形容詞は次のうちどれか。

(1) 度重なる不幸で、彼は<u>すっかり</u>参ってしまった。
(2) それは誰にでもできる作業では<u>なかった</u>ので、困難を極めた。
(3) 先日提出したレポートが、先生からほめ<u>られ</u>てうれしかった。
(4) このクラスの中で、彼女は誰よりも<u>器用</u>だ。
(5) 毎週日曜日に整備しているので、<u>自転車</u>の調子は最高である。

正答：(2)

解説：(1) ×　程度を表す副詞である。
　　　(2) ○　打消しを表す（補助）形容詞である。
　　　(3) ×　受身を表す助動詞である。
　　　(4) ×　状態を表す形容動詞である。
　　　(5) ×　物事の名前を表す普通名詞である。

> 打消しを表す「ない」には、形容詞の「ない」と助動詞の「ない」がある。
> ・「ない」の前に助詞の「は」や「も」が入れられるなら、（補助）形容詞の「ない」。
> ・「ない」を「ぬ」や「ず」に言い換えられるなら、助動詞の「ない」。

No.5 下の文の下線部と意味が同じ用法のものは次のうちどれか。

テレビを見ながら、問題を解いた。
（1）彼は下位打者ながら、本当によく打つ。
（2）音楽を聴きながら、自転車に乗るのは危険だ。
（3）角を曲がると、昔ながらの食堂があった。
（4）温泉宿の中は静かながら、気品が漂っていた。
（5）彼は、小学生ながらものをよく知っている。

正答：(2)

解説：問題文の「ながら」は、動作が並行して行われることを表す接続助詞である。
　　（1）× 逆接の意を表す接続助詞である。
　　（2）○ 動作の並行を表す接続助詞である。
　　（3）× 状態の継続を表す接続助詞である。
　　（4）× 逆接の意を表す接続助詞である。
　　（5）× 逆接の意を表す接続助詞である。

　問題文の「ながら」は、同じように動作が並行して行われることを表す接続助詞「つつ」に置き換えることができる。(2)の「音楽を聴きながら」は「音楽を聴きつつ」に置き換えることができる。

レッスン02 敬語

レッスンのPoint　重要度 ★★☆

敬語の問題では、主な動詞・名詞の尊敬語と謙譲語をセットで覚えておこう！

　敬語は細かく分類すると、「尊敬語」「謙譲語」「丁寧語」「丁重語」「美化語」の5つとなります。このうち、本試験で主に出題されてきたのは「尊敬語」と「謙譲語」に関するものです。近年では、このような出題パターンがあります。

出題パターン①

　尊敬語、謙譲語の誤った用法を使用した選択肢を選ぶもの。
［例］次のうち、誤った敬語の用法はどれか。
(1) 弊社の担当者とはお会いになりましたか。
(2) お食事はもう召し上がりましたか。
(3) お渡しした資料はもう拝見なさりましたか。
(4) 私は会場に11時半に参ります。
(5) この案件については、私は存じ上げません。

正答　(3)

出題パターン②

　尊敬語あるいは謙譲語を含む選択肢を選ぶもの。
［例］次の文の下線部のなかで、謙譲語は次のうちどれか。
(1) あそこに座っている方はどちらからいらっしゃったのですか。
(2) 昨日は雨だったので、教室で先生が本を読んでくださった。

(3) あの人が持っているものは当店にございます。
(4) 我が家の庭でとれた桃をお客さまがおいしそうに召し上がった。
(5) 書類に不備がありましたので、また近日中に参ります。

正答　**(5)**

　敬語は、「行く」「来る」「いる」「言う」「見る」などの**尊敬語**と**謙譲語**をセットで覚えれば怖いものなしです。主な動詞と名詞の尊敬語と謙譲語を覚えておきましょう。

○尊敬語・謙譲語（動詞、名詞）

動詞

	動詞	相手側（尊敬語）	自分側（謙譲語）
☑	行く	いらっしゃる、おいでになる	伺う、参る
☑	来る	いらっしゃる、お越しになる	参る
☑	いる	いらっしゃる、おいでになる	おる（おります）
☑	言う	おっしゃる	申す、申しあげる
☑	聞く	お聞きになる	承る、伺う、拝聴する
☑	する	なさる	いたす
☑	見る	ご覧になる	拝見する
☑	会う	お会いになる	お目にかかる
☑	思う	お思いになる	存じる、存じあげる
☑	食べる・飲む	召しあがる	いただく
☑	与える	お与えになる、くださる	差しあげる
☑	使う	お使いになる	使わせていただく
☑	着る	お召しになる	着させていただく

		相手側(尊敬語)	自分側(謙譲語)
☐	尋ねる	お尋ねになる	伺う、お尋ねする
☐	読む	読まれる	拝読する

名詞

	名詞	相手側(尊敬語)	自分側(謙譲語)
☐	父	お父様、御尊父様	父
☐	母	お母様、御母堂様	母
☐	夫	ご主人様	夫、主人
☐	妻	奥様、奥方様	妻、家内
☐	息子	ご子息様、ご令息様	息子、愚息
☐	娘	お嬢様、ご息女様	娘
☐	会社	御社、貴社	当社、弊社
☐	学校	御校、貴校	当校、本校
☐	意見(考え)	御高見、御高察	私見、愚見
☐	気持ち	御芳志、御厚情	寸志
☐	居住地	御地、貴地	当地、当所
☐	家	お宅、御尊宅	拙宅
☐	原稿	玉稿	拙稿
☐	文章	御高文	拙文、駄文
☐	著書	貴著、御高著	拙著
☐	手紙	御書状、御書面	書状、書面
☐	品物	御佳品	粗品

○尊敬表現と謙譲表現の基本形

　ここでは、動詞や名詞を尊敬表現や謙譲表現にする基本形について説明します。

　対比表には「見る」の尊敬語として「ご覧になる」をあげましたが、「見られる」も軽い尊敬表現です。動詞に「れる」「られる」の助動詞を付けると相手の動作を敬う表現となります。「食べられる」「来られる」「言われる」「帰られる」「行かれる」……と例を挙げればきりがありません。ただし、尊敬語をこの形にする「おっしゃられる」などは二重敬語となり、正しい敬語表現ではありません。

　動詞のなかには同じ意味であっても多様な尊敬表現を持つ言葉があり、その最たるものが「来る」という言葉です。「来られる」のほか、「いらっしゃる」「見える」「お見えになる」「おいでになる」「お越しになる」などがあります。これらをＴＰＯに応じて使い分けます。

　「お見えになる」「おいでになる」「お越しになる」の「になる」は名詞の後につけて尊敬表現にする場合に用います。また、「死ぬ」は「死なれる」より「お亡くなりになる」とすると尊敬度が高くなります。同様に「寝る」も「おやすみになる」と言い換えたりします。さらに、間違った敬語の使い方として「私の意見をご拝聴になり、どうもありがとうございます」を例とすると、「拝聴」は謙譲語であり、謙譲語に「になる」をつけても尊敬表現とはなりません。「私の意見をご静聴いただき〜」とするのが正しい敬語表現です。

　謙譲表現のバリエーションが多いのが「聞く」という言葉です。「お聞きする」「お聞かせいただく」「伺う」「承る」「拝聴する」などがあり、やはりＴＰＯに応じて使い分けます。

　「お聞かせいただく」「読ませていただく」「帰らせていただく」「見せていただく」というように、動詞に「いただく」を付けるのが謙譲語の基本形のひとつです。また、名詞には「拝」の字を付けて「拝見」「拝聴」「拝読」などとします。

　気をつけたいのが「お客さまが参られました」といった間違いです。

「参る」は謙譲語ですから「られる」を付けても尊敬表現にはなりません。

これまで出題されたことはありませんが、丁寧語・美化語にもルールはあります。よく間違えて使われているのが「とんでもございません」という言い方です。「もったいない」と同様、「とんでもない」は一語で形容詞ですから、「ない」の部分を切り離して丁寧語にするのは間違いです。「とんでもないことです」あるいは「とんでもないことでございます」とするのが正しい丁寧語です。

尊敬語は、相手側または第三者（目上の人物など）の事物・動作・状態などを表す場合に使う言葉。謙譲語は、自分の側の事物・動作などについて、他に対してへりくだって用いる言葉。敬語のなかでも尊敬語と謙譲語の区別は特に大切。ただし、尊敬語は二重敬語にならないよう注意する（×「召し上がられる」「おっしゃられる」など）。

ここでチャレンジ！演習問題

No.1 次のうち、誤った敬語の用法はどれか。
(1) 先生は何時にいらっしゃったのでしょうか。
(2) 社長がおっしゃられていたことを実行すべきです。
(3) ご用件については私が承ります。
(4) そのお召し物をいただけるとは思っておりませんでした。
(5) 小社から担当者が伺いますのでしばらくお待ちください。

正答：(2)
解説：(1) ○ 「いらっしゃる」は「来る」の尊敬語。
　　　(2) × 「おっしゃる」は「言う」の尊敬語。そこに尊敬を表す助動詞「れる」を付けると二重敬語になり不適切。「おっ

しゃっていたこと」が正答。
- (3) ○ この場合の用件は相手の物事なので尊敬を表す接頭語の「ご」を付ける。「承る」は「聞く」の謙譲語。
- (4) ○ 「お召し物」は相手を敬って、その着物をいう語。「いただく」は「もらう」の謙譲語。
- (5) ○ 「小社」は自分の会社をへりくだっていう語。「伺う」は「訪問する」の謙譲語。「お待ちください」の「お」は尊敬を表す接頭語。

No.2 次のうち、敬語がすべて正しく用いられているのはどれか。
- (1) 私の用件を社長は既に承りましたでしょうか。
- (2) 先生は、現在、軽井沢でご静養なさっています。
- (3) 中華料理の食べ放題をご用意しましたので、ぜひいただいてください。
- (4) 私の母堂は、本日、怪我をしたため出席できません。
- (5) 私の意見をご拝聴になり、どうもありがとうございます。

正答：(2)
解説：
- (1) × 「承る」は謙譲語。尊敬表現にするなら「ご存じでしたでしょうか」。
- (2) ○ 「なさる」は「する」の尊敬語。自身が静養する場合は謙譲表現で「静養いたします」。
- (3) × 「いただく」は「食べる」の謙譲語。正しくは「お召し上がりください」。
- (4) × 「母堂」は他人の母に対する敬称。自身の母に用いるのは誤り。「私の母は」が正しい表現。
- (5) × 「ご拝聴」は謙譲語。目上の人の動作を表す場合は「ご静聴いただき」が正しい表現。

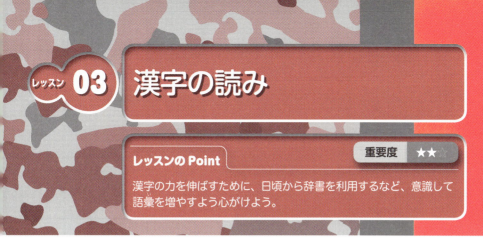

レッスン03 漢字の読み

レッスンのPoint　重要度 ★★☆

漢字の力を伸ばすために、日頃から辞書を利用するなど、意識して語彙を増やすよう心がけよう。

　漢字の読みの問題は、基本的に高校までに習う漢字（常用漢字）を範囲として出題されています。近年では、次のような出題パターンがあります。

出題パターン①

　漢字の読み方が正しい、あるいは誤った選択肢を選ぶもの。
［例］次の文の下線部の漢字について、（　）内の読み方が正しいものはどれか。
（1）9回裏2アウトの土壇場（どくだんじょう）で、逆転勝利ができた。
（2）呑気（どんき）なことを言っているが、試験は明後日に迫っている。
（3）郵便切手は、封筒の表面に貼付（せんぷ）してください。
（4）友人と協力して、ようやく小さな会社を発足（ほっそく）させた。
（5）金銭の出納（しゅつのう）帳をつけて、収支を厳正に管理する。

正答　(4)

過去に出題された漢字の読みの他に、中学校・高校で学習する特別な読み（音訓）、当て字や熟字訓などもよく学習しておきましょう。

① よく出題される漢字の読み

ここでは、過去に出題された読みを中心に掲載しています。読めるようにしておきましょう。

	漢字	よみ
☑	安寧	あんねい
☑	遺業	いぎょう
☑	委嘱	いしょく
☑	一献	いっこん
☑	委任	いにん
☑	永劫	えいごう
☑	悔恨	かいこん
☑	会心	かいしん
☑	窯元	かまもと
☑	管轄	かんかつ
☑	勧奨	かんしょう
☑	犠牲	ぎせい
☑	危篤	きとく
☑	脅威	きょうい
☑	凝視	ぎょうし
☑	仰視	ぎょうし
☑	緊迫	きんぱく
☑	禁物	きんもつ
☑	健気	けなげ
☑	軒昂	けんこう
☑	喧噪	けんそう
☑	顕著	けんちょ
☑	幻滅	げんめつ
☑	甲乙	こうおつ

	漢字	よみ
☑	控除	こうじょ
☑	口上	こうじょう
☑	碁盤	ごばん
☑	刷新	さっしん
☑	潮騒	しおさい
☑	疾病	しっぺい
☑	至難	しなん
☑	出色	しゅっしょく
☑	俊傑	しゅんけつ
☑	抄本	しょうほん
☑	叙述	じょじゅつ
☑	遂行	すいこう
☑	逝去	せいきょ
☑	成算	せいさん
☑	折衷	せっちゅう
☑	刹那	せつな
☑	説諭	せつゆ
☑	漸次	ぜんじ
☑	捜索	そうさく
☑	措置	そち
☑	妥結	だけつ
☑	堪能	たんのう
☑	逐次	ちくじ
☑	貼付	ちょうふ

漢字	よみ
点描	てんびょう
陶冶	とうや
曇天	どんてん
念頭	ねんとう
暖簾	のれん
呑気	のんき
梯子	はしご
繁雑	はんざつ
頒布	はんぷ
卑近	ひきん
符丁	ふちょう
憤慨	ふんがい
変哲	へんてつ
反故	ほご
奔放	ほんぽう
埋没	まいぼつ
抹消	まっしょう
漫然	まんぜん
所以	ゆえん
楼閣	ろうかく
露顕	ろけん

漢字	よみ
歪曲	わいきょく
幾重	いくえ
餌食	えじき
悪寒	おかん
軽業	かるわざ
渓谷	けいこく
解毒	げどく
格子	こうし
虚空	こくう
湖沼	こしょう
権化	ごんげ
成就	じょうじゅ
出納	すいとう
素性	すじょう
転嫁	てんか
土壇場	どたんば
歩合	ぶあい
発足	ほっそく
律儀	りちぎ
流布	るふ
祝詞	のりと

２ 中学校・高校で学習する特別な読み（音訓）

　中学校・高校で学習する特別な音訓からの出題も多くあります。用例についても読めるようにしておきましょう。

　本表は、「常用漢字表」の本表音訓欄 一字下げで示された音訓（特別なもの、又は用法のごく狭いもの）のうち中学校・高校で学習する特別な音訓の一部です。音読みはカタカナ、訓読みはひらがなで表記しました。

	漢字	よみ	用例
☑	字	あざ	字, 大字
☑	行	アン	行脚, 行火
☑	音	イン	福音, 母音
☑	羽	ウ	羽毛, 羽化, 羽翼
☑	有	ウ	有無, 有象無象
☑	初	うい	初陣, 初々しい
☑	氏	うじ	氏, 氏神
☑	産	うぶ	産湯, 産着, 産毛
☑	会	エ	会釈, 会得, 法会
☑	重	え	一重, 八重桜
☑	役	エキ	役務, 使役, 兵役
☑	悪	オ	悪寒, 好悪, 憎悪
☑	桜	オウ	桜花, 観桜
☑	面	おも	川の面, 面影, 面長
☑	面	おもて	面, 細面
☑	遠	オン	久遠
☑	嫁	カ	再嫁, 転嫁, 嫁する
☑	稼	カ	稼業, 稼働
☑	何	カ	幾何学
☑	我	ガ	我流, 彼我, 自我
☑	灰	カイ	灰白色, 石灰
☑	客	カク	客死, 主客, 旅客
☑	頭	かしら	頭, 頭文字, 旗頭
☑	敵	かたき	敵, 敵役, 商売敵
☑	割	カツ	割愛, 割拠, 分割
☑	門	かど	門, 門口, 門松
☑	机	キ	机上, 机辺
☑	己	キ	知己, 克己

	漢字	よみ	用例
☑	生	き	生糸, 生地, 生一本
☑	弓	キュウ	弓道, 弓状, 洋弓
☑	泣	キュウ	号泣, 感泣
☑	経	キョウ	経文, お経, 写経
☑	今	キン	今上
☑	久	ク	久遠
☑	供	ク	供物, 供養
☑	庫	ク	庫裏
☑	功	ク	功徳
☑	紅	ク	真紅, 深紅
☑	宮	グウ	宮司, 神宮, 東宮
☑	化	ケ	化粧, 化身, 権化
☑	仮	ケ	仮病
☑	解	ゲ	解脱, 解熱剤, 解毒剤
☑	夏	ゲ	夏至
☑	外	ゲ	外科, 外題, 外道
☑	境	ケイ	境内
☑	兄	ケイ	兄事, 父兄, 義兄
☑	穴	ケツ	穴居, 墓穴
☑	絹	ケン	絹布, 人絹
☑	眼	ゲン	開眼
☑	験	ゲン	験がある, 霊験
☑	虚	コ	虚空, 虚無僧
☑	期	ゴ	最期, この期に及んで
☑	格	コウ	格子
☑	厚	コウ	厚情, 厚生, 濃厚
☑	業	ゴウ	業病, 罪業, 自業自得
☑	強	ゴウ	強引, 強情, 強盗

レッスン 03 漢字の読み

漢字	よみ	用例
郷	ゴウ	郷土, 近郷, 在郷
谷	コク	幽谷
石	コク	石高, 千石船
極	ゴク	極上, 極秘, 至極
声	こわ	声色
建	コン	建立
勤	ゴン	勤行
権	ゴン	権化, 権現
厳	ゴン	荘厳
茶	サ	茶菓, 茶話会, 喫茶
殺	サイ	相殺
財	サイ	財布
切	サイ	一切
早	サッ	早速, 早急
矢	シ	一矢を報いる
枝	シ	枝葉
姉	シ	姉妹, 諸姉
示	シ	示唆
次	シ	次第
仕	ジ	給仕
耳	ジ	耳鼻科, 中耳炎
似	ジ	類似, 酷似, 疑似
除	ジ	掃除
食	ジキ	断食
質	シチ	質屋, 人質
砂	シャ	土砂
赤	シャク	赤銅
若	ジャク	若年, 若干, 自若

漢字	よみ	用例
衆	シュ	衆生
修	シュ	修行
就	ジュ	成就
祝	シュウ	祝儀, 祝言
拾	シュウ	拾得, 収拾
従	ショウ	従容
沼	ショウ	沼沢, 湖沼
上	ショウ	上人, 身上を潰す
青	ショウ	緑青
政	ショウ	摂政
笑	ショウ	笑覧, 微笑, 談笑
焼	ショウ	焼却, 燃焼, 全焼
性	ショウ	性分, 相性
精	ショウ	精進, 不精
相	ショウ	首相, 宰相
装	ショウ	装束, 衣装
成	ジョウ	成就, 成仏
盛	ジョウ	繁盛
静	ジョウ	静脈
織	ショク	織機, 染織, 紡織
代	しろ	代物, 苗代
素	ス	素顔, 素手, 素性
事	ズ	好事家
出	スイ	出納
助	すけ	助太刀
盛	セイ	盛大, 隆盛, 全盛
説	ゼイ	遊説
昔	セキ	昔日, 昔年, 昔時

	漢字	よみ	用例
☐	夕	セキ	今夕, 一朝一夕
☐	殺	セツ	殺生
☐	舌	ゼツ	舌端, 弁舌, 筆舌
☐	川	セン	川柳, 河川
☐	浅	セン	浅薄, 浅学, 深浅
☐	染	セン	染色, 染料, 汚染
☐	想	ソ	愛想
☐	巣	ソウ	営巣, 卵巣, 病巣
☐	宗	ソウ	宗家, 宗匠
☐	候	そうろう	候文, 居候
☐	率	ソツ	率先, 引率, 軽率
☐	手	た	手綱, 手繰る
☐	貸	タイ	貸借, 貸与, 賃貸
☐	内	ダイ	内裏, 参内
☐	度	タク	支度
☐	壇	タン	土壇場
☐	反	タン	反物
☐	質	チ	言質
☐	仲	チュウ	仲介, 仲裁, 伯仲
☐	通	ツ	通夜
☐	対	ツイ	対句, 一対
☐	面	つら	面, 面魂, 鼻面
☐	弟	デ	弟子
☐	体	テイ	体裁, 風体
☐	弟	テイ	弟妹, 義弟, 子弟
☐	度	ト	法度
☐	道	トウ	神道
☐	納	トウ	出納

	漢字	よみ	用例
☐	常	とこ	常夏
☐	団	トン	布団
☐	納	ナ	納屋
☐	納	ナッ	納得, 納豆
☐	納	ナン	納戸
☐	児	ニ	小児科
☐	仁	ニ	仁王
☐	新	にい	新妻, 新盆
☐	若	ニャク	老若
☐	女	ニョ	女人, 天女, 善男善女
☐	博	バク	博労, 博徒
☐	麦	バク	麦芽, 麦秋, 精麦
☐	暴	バク	暴露
☐	機	はた	機, 機織り
☐	法	ハッ	法度
☐	坂	ハン	急坂
☐	万	バン	万国, 万端, 万全
☐	氷	ひ	氷雨
☐	鼻	ビ	鼻音, 鼻孔, 耳鼻科
☐	白	ビャク	黒白
☐	兵	ヒョウ	兵糧, 雑兵
☐	貧	ヒン	貧富, 貧弱, 清貧
☐	風	フ	風情, 中風
☐	歩	フ	歩
☐	歩	ブ	歩合, 日歩
☐	富	フウ	富貴
☐	並	ヘイ	並行, 並列, 並立
☐	片	ヘン	紙片, 破片, 断片

漢字	よみ	用例
火	ほ	火影
暮	ボ	暮春, 歳暮, 薄暮
忘	ボウ	忘却, 忘年会, 備忘
目	ボク	面目
法	ホッ	法主
発	ホツ	発作, 発端, 発起
反	ホン	謀反
馬	ま	馬子, 絵馬
目	ま	目の当たり, 目深
妹	マイ	姉妹, 義妹, 令妹
眼	まなこ	眼, どんぐり眼, 血眼
命	ミョウ	寿命
胸	むな	胸板, 胸毛, 胸騒ぎ
室	むろ	室, 室咲き
迷	メイ	迷路, 迷惑, 低迷
亡	モウ	亡者

漢字	よみ	用例
望	モウ	所望, 大望, 本望
下	もと	下, 足下
聞	モン	聴聞, 前代未聞
益	ヤク	御利益
遊	ユ	遊山
由	ユイ	由緒
遺	ユイ	遺言
礼	ライ	礼賛, 礼拝
卵	ラン	卵黄, 鶏卵, 産卵
裏	リ	裏面, 表裏
律	リチ	律儀
立	リュウ	建立
流	ル	流布, 流転, 流罪
緑	ロク	緑青
業	わざ	業, 仕業, 早業
童	わらべ	童, 童歌

③ 当て字、熟字訓（常用漢字表「付表」）

当て字、熟字訓も出題されています。チェックしておきましょう。

漢字	よみ
明日	あす
小豆	あずき
海女・海士	あま
硫黄	いおう
意気地	いくじ
田舎	いなか

漢字	よみ
息吹	いぶき
海原	うなばら
乳母	うば
浮気	うわき
浮つく	うわつく
笑顔	えがお

	漢字	よみ
☑	叔父・伯父	おじ
☑	大人	おとな
☑	乙女	おとめ
☑	叔母・伯母	おば
☑	お巡りさん	おまわりさん
☑	お神酒	おみき
☑	母屋・母家	おもや
☑	母さん	かあさん
☑	神楽	かぐら
☑	河岸	かし
☑	鍛冶	かじ
☑	風邪	かぜ
☑	固唾	かたず
☑	仮名	かな
☑	蚊帳	かや
☑	為替	かわせ
☑	河原・川原	かわら
☑	昨日	きのう
☑	今日	きょう
☑	果物	くだもの
☑	玄人	くろうと
☑	今朝	けさ
☑	景色	けしき
☑	心地	ここち
☑	居士	こじ
☑	今年	ことし
☑	早乙女	さおとめ
☑	雑魚	ざこ

	漢字	よみ
☑	桟敷	さじき
☑	差し支える	さしつかえる
☑	五月	さつき
☑	早苗	さなえ
☑	五月雨	さみだれ
☑	時雨	しぐれ
☑	尻尾	しっぽ
☑	竹刀	しない
☑	老舗	しにせ
☑	芝生	しばふ
☑	清水	しみず
☑	三味線	しゃみせん
☑	砂利	じゃり
☑	数珠	じゅず
☑	上手	じょうず
☑	白髪	しらが
☑	素人	しろうと
☑	師走	しわす（しはす）
☑	数寄屋・数奇屋	すきや
☑	相撲	すもう
☑	草履	ぞうり
☑	山車	だし
☑	太刀	たち
☑	立ち退く	たちのく
☑	七夕	たなばた
☑	足袋	たび
☑	稚児	ちご
☑	一日	ついたち

	漢字	よみ
☐	築山	つきやま
☐	梅雨	つゆ
☐	凸凹	でこぼこ
☐	手伝う	てつだう
☐	伝馬船	てんません
☐	投網	とあみ
☐	父さん	とうさん
☐	十重二十重	とえはたえ
☐	読経	どきょう
☐	時計	とけい
☐	友達	ともだち
☐	仲人	なこうど
☐	名残	なごり
☐	雪崩	なだれ
☐	兄さん	にいさん
☐	姉さん	ねえさん
☐	野良	のら
☐	祝詞	のりと
☐	博士	はかせ
☐	二十・二十歳	はたち
☐	二十日	はつか
☐	波止場	はとば
☐	一人	ひとり
☐	日和	ひより

	漢字	よみ
☐	二人	ふたり
☐	二日	ふつか
☐	吹雪	ふぶき
☐	下手	へた
☐	部屋	へや
☐	迷子	まいご
☐	真面目	まじめ
☐	真っ赤	まっか
☐	真っ青	まっさお
☐	土産	みやげ
☐	息子	むすこ
☐	眼鏡	めがね
☐	猛者	もさ
☐	紅葉	もみじ
☐	木綿	もめん
☐	最寄り	もより
☐	八百長	やおちょう
☐	八百屋	やおや
☐	大和	やまと
☐	弥生	やよい
☐	浴衣	ゆかた
☐	行方	ゆくえ
☐	寄席	よせ
☐	若人	わこうど

国語 レッスン 03 漢字の読み

ここでチャレンジ！演習問題

No.1 次の文の下線部の漢字について、（　）内の読み方で誤っているものはどれか。
(1) 給料は、基本給に加えて歩合（ぶあい）給も支給される。
(2) 彼は何の変哲（へんてつ）もない生活態度を終始し続けた。
(3) 彼の改まった切り口上（くちうえ）には閉口させられた。
(4) 彼は念頭（ねんとう）にないことを何度も強調した。
(5) 成算（せいさん）があっての方向転換であることを確信した。

正答：(3)
解説：(1) ○「ぶあい」　(2) ○「へんてつ」　(3) ×「こうじょう」
　　　(4) ○「ねんとう」　(5) ○「せいさん」

No.2 次の（ア）〜（オ）の漢字の読み方について、正しいものだけをあげているのは次のうちどれか。
（ア）軽業（けいぎょう）　　（イ）点描（てんびょう）
（ウ）渓谷（きょうこく）　　（エ）曇天（うんてん）
（オ）流布（るふ）

(1)（ア）（イ）　(2)（ア）（ウ）　(3)（イ）（オ）
(4)（ウ）（エ）　(5)（エ）（オ）

正答：(3)
解説：（ア）×「かるわざ」　（イ）○「てんびょう」　（ウ）×「けいこく」
　　　（エ）×「どんてん」　（オ）○「るふ」

レッスン04 反対語

レッスンのPoint　重要度 ★★☆

熟語の反対語をセットで覚え、どちらの熟語からでも相手の熟語を答えられるようにしよう！

　熟語の**反対語**（対義語ともいいます）は、ある熟語の**反対の意味**を持つ熟語のことです。近年では、次のような出題パターンがあります。

出題パターン①

　提示された熟語に対し、反対の意味となる選択肢を選ぶもの。
［例］次の熟語と反対の意味を持つ熟語はどれか。
「好転」
(1) 悪化　　(2) 循環　　(3) 幸運　　(4) 暴落　　(5) 低下
　　　　　　　　　　　　　　　　　　　　　　　　正答　**(1)**

出題パターン②

　反対語の関係にある組み合わせの選択肢を選ぶもの。
［例］反対語の関係にある熟語の組み合わせとして、適切なものはどれか。
(1) 害虫 ⇔ 利虫　　(2) 婉曲 ⇔ 曖昧（あいまい）　　(3) 慎重 ⇔ 尊大
(4) 拙速 ⇔ 巧遅　　(5) 瞬間 ⇔ 刹那　　　　　　　　正答　**(4)**

それぞれの熟語の反対語（左右）をセットで覚えておくことが大切です。

☑	愛護 ⟷ 虐待(ぎゃくたい)		☑	架空 ⟷ 実在
☑	哀悼(あいとう) ⟷ 慶賀・祝賀		☑	確信 ⟷ 憶測
☑	曖昧(あいまい) ⟷ 明確		☑	獲得 ⟷ 喪失
☑	安定 ⟷ 動揺		☑	下賜(かし) ⟷ 献上
☑	威圧 ⟷ 懐柔		☑	加熱 ⟷ 冷却
☑	偉大 ⟷ 凡庸		☑	寡黙(かもく)・無口 ⟷ 多言・多弁
☑	一事 ⟷ 万事		☑	閑暇(かんか) ⟷ 多忙
☑	一部 ⟷ 全部		☑	甘言 ⟷ 苦言
☑	一括 ⟷ 分割		☑	歓声 ⟷ 悲鳴
☑	逸材 ⟷ 凡才		☑	乾燥 ⟷ 湿潤
☑	一般 ⟷ 特殊		☑	緩慢 ⟷ 迅速・敏速
☑	違反 ⟷ 遵守(じゅんしゅ)		☑	希釈 ⟷ 濃縮
☑	陰性 ⟷ 陽性		☑	起床 ⟷ 就寝
☑	遠隔 ⟷ 近接		☑	吉兆 ⟷ 凶兆
☑	炎暑 ⟷ 酷寒		☑	逆境 ⟷ 順境
☑	延長 ⟷ 短縮		☑	急進 ⟷ 漸進(ぜんしん)
☑	遠方 ⟷ 近隣		☑	強固・剛健 ⟷ 柔弱・薄弱
☑	大潮 ⟷ 小潮		☑	凝固 ⟷ 融解
☑	汚染 ⟷ 浄化		☑	凶作 ⟷ 豊作
☑	汚濁 ⟷ 清澄(せいちょう)		☑	凝縮 ⟷ 拡散
☑	温和・穏和 ⟷ 粗暴・乱暴		☑	恭順・服従 ⟷ 抵抗・反逆
☑	害虫 ⟷ 益虫		☑	強靭 ⟷ 脆弱
☑	解放 ⟷ 束縛		☑	享楽 ⟷ 禁欲
☑	概要・概略 ⟷ 委細・詳細		☑	極端 ⟷ 中庸

☐	虚弱 ⟺ 頑健		☐	強情 ⟺ 従順
☐	拒絶・拒否 ⟺ 応諾・受諾		☐	更生 ⟺ 堕落
☐	固辞 ⟺ 快諾		☐	好転 ⟺ 悪化
☐	巨大 ⟺ 微細		☐	購入・購買 ⟺ 売却・販売
☐	警戒 ⟺ 油断		☐	興奮 ⟺ 鎮静・冷静
☐	形式 ⟺ 実質・中容		☐	巧妙 ⟺ 拙劣
☐	継続 ⟺ 中断		☐	興隆 ⟺ 衰退
☐	決定 ⟺ 保留		☐	枯渇 ⟺ 潤沢
☐	傑物 ⟺ 凡人		☐	国産 ⟺ 舶来
☐	欠乏 ⟺ 充足		☐	酷評 ⟺ 激賞・絶賛
☐	決裂 ⟺ 妥結		☐	古豪 ⟺ 新鋭
☐	下落 ⟺ 騰貴（とうき）		☐	個別 ⟺ 一斉
☐	厳格 ⟺ 寛大・寛容		☐	孤立 ⟺ 連帯
☐	謙虚 ⟺ 高慢		☐	混乱 ⟺ 秩序
☐	兼業 ⟺ 専業		☐	削減・削除 ⟺ 追加・添加
☐	賢明 ⟺ 暗愚		☐	左遷 ⟺ 栄転
☐	故意 ⟺ 過失		☐	暫時 ⟺ 恒久
☐	幸運 ⟺ 不運		☐	地獄 ⟺ 極楽
☐	高遠 ⟺ 卑近		☐	自生 ⟺ 栽培
☐	高価 ⟺ 安価・廉価		☐	自然 ⟺ 人為・人工
☐	郊外 ⟺ 都心		☐	子孫 ⟺ 先祖・祖先
☐	降格 ⟺ 昇格		☐	質疑 ⟺ 応答
☐	攻撃 ⟺ 守備・防衛・防御		☐	漆黒 ⟺ 純白
☐	航行 ⟺ 停泊		☐	諮問（しもん） ⟺ 答申

☐	邪悪	⟷ 善良	☐	正統	⟷ 異端
☐	釈放	⟷ 拘禁・拘束	☐	拙速	⟷ 巧遅
☐	集合	⟷ 解散	☐	設置	⟷ 撤去
☐	収縮	⟷ 膨張	☐	絶滅	⟷ 繁殖
☐	修繕	⟷ 破損	☐	是認	⟷ 否認
☐	醜聞	⟷ 美談	☐	仙境	⟷ 俗界
☐	縮小	⟷ 拡大	☐	専任	⟷ 兼任
☐	需要	⟷ 供給	☐	相対	⟷ 絶対
☐	受容	⟷ 排除	☐	疎遠	⟷ 懇意・親密
☐	受理	⟷ 却下	☐	阻害	⟷ 助長
☐	瞬間	⟷ 永劫	☐	率先	⟷ 追随
☐	順風	⟷ 逆風	☐	粗略	⟷ 丁重・丁寧
☐	召還	⟷ 派遣	☐	尊敬	⟷ 軽蔑・侮辱
☐	称賛	⟷ 非難	☐	尊大	⟷ 卑下
☐	冗漫	⟷ 簡潔	☐	怠惰	⟷ 勤勉
☐	序盤	⟷ 終盤	☐	濁流	⟷ 清流
☐	侵害	⟷ 擁護	☐	脱退	⟷ 加入・加盟
☐	進撃	⟷ 退却	☐	誕生	⟷ 永眠・死去
☐	進出	⟷ 撤退	☐	蓄積	⟷ 消耗
☐	辛勝	⟷ 惜敗	☐	恥辱	⟷ 名誉
☐	慎重	⟷ 軽率	☐	抽象	⟷ 具体
☐	進展	⟷ 停滞	☐	中枢	⟷ 末端
☐	衰微（すいび）	⟷ 繁栄	☐	徴収	⟷ 納入
☐	素直	⟷ 偏屈	☐	直流	⟷ 交流

レッスン04 反対語

☑	貯蓄 ⟷ 消費		☑	返却 ⟷ 借用	
☑	陳腐 ⟷ 斬新・新奇・新鮮		☑	妨害 ⟷ 協力	
☑	低下 ⟷ 向上		☑	被告 ⟷ 原告	
☑	低俗 ⟷ 高尚		☑	褒賞 ⟷ 懲罰	
☑	天然 ⟷ 人造		☑	暴落 ⟷ 暴騰	
☑	統制 ⟷ 自由・放任		☑	保守 ⟷ 革新	
☑	鈍重 ⟷ 鋭敏・機敏		☑	満潮 ⟷ 干潮	
☑	難解 ⟷ 平易		☑	無視 ⟷ 尊重	
☑	柔和 ⟷ 凶暴・険悪		☑	黙秘 ⟷ 供述・自供	
☑	任命 ⟷ 罷免(ひめん)		☑	優雅 ⟷ 粗野	
☑	年頭 ⟷ 歳末		☑	融合 ⟷ 分離	
☑	濃厚・濃密 ⟷ 希薄・淡白		☑	抑制 ⟷ 促進	
☑	破壊 ⟷ 建設		☑	利益 ⟷ 損失	
☑	漠然 ⟷ 鮮明		☑	離脱 ⟷ 参加	
☑	薄暮(はくぼ) ⟷ 払暁(ふつぎょう)		☑	略式 ⟷ 正式	
☑	発病 ⟷ 治癒		☑	隆起 ⟷ 陥没・沈降	
☑	煩雑(はんざつ) ⟷ 簡略		☑	冷遇 ⟷ 優遇	
☑	悲哀 ⟷ 歓喜		☑	冷淡 ⟷ 親切	
☑	秘匿(ひとく) ⟷ 暴露		☑	零落(れいらく) ⟷ 栄達	
☑	複雑 ⟷ 単純		☑	老巧 ⟷ 稚拙	
☑	不振 ⟷ 好調		☑	浪費 ⟷ 倹約・節約	
☑	富裕・裕福 ⟷ 貧窮・貧困		☑	老齢 ⟷ 幼年	
☑	不和 ⟷ 円満		☑	老練 ⟷ 幼稚	
☑	分裂 ⟷ 統一		☑	婉曲(えんきょく) ⟷ 露骨	

ここでチャレンジ！演習問題

No.1 次の語の反対語として、最も適切なものは次のうちどれか。
「一事」
(1) 一部　　(2) 全部　　(3) 一般　　(4) 特殊　　(5) 万事

正答：(5)
解説：(1) ×　「一部」の反対語は「全部」である。
　　　(2) ×　「全部」の反対語は「一部」である。
　　　(3) ×　「一般」の反対語は「特殊」である。
　　　(4) ×　「特殊」の反対語は「一般」である。
　　　(5) ○　「万事」の反対語は「一事」である。

No.2 反対語の関係にある熟語の組み合わせとして、妥当なものはどれか。
(1) 満潮 ── 大潮　　(2) 急進 ── 漸進　　(3) 吉兆 ── 予兆
(4) 尊敬 ── 無視　　(5) 直流 ── 貫流

正答：(2)
解説：(1) ×　「満潮」の反対語は「干潮」、「大潮」の反対語は「小潮」である。
　　　(2) ○　「漸進」は「徐々に進むこと」という意味である。
　　　(3) ×　「吉兆」の反対語は「凶兆」、「予兆」の反対語は特にない。
　　　(4) ×　「尊敬」の反対語は「軽蔑・侮辱」、「無視」の反対語は「尊重」である。
　　　(5) ×　「直流」の反対語は「交流」、「貫流」の反対語は特にない。

レッスン 05 同音・同訓の漢字

レッスンのPoint　重要度 ★★★

漢字の偏（へん）や旁（つくり）の違いや、意味の違い、使い分けなどを意識しながら覚えていこう。

　同音・同訓の漢字は、**用法や意味**を確認しながら覚えることが大切です。日頃から漢字の意味の違いや使い分けを意識することで、実力アップにつなげましょう。同音・同訓についての問題のほか、文章中の**誤字の有無**を問う問題などを解く際にも役に立つ知識です。近年では、次のような出題パターンがあります。

【出題パターン①　同音異義語】

　漢字の読みに対して正しい漢字が書かれた選択肢を選ぶもの。
［例］次の文の下線部に当たる漢字を正しく書いているものはどれか。
(1) 交渉を続けたが、相手のキョウコウな姿勢は変わらなかった。── 強硬
(2) 高層ビルのセコウが始まった。────────────── 施行
(3) 大多数が賛成する中、一人だけイギを唱える者がいた。──── 異義
(4) 彼女はいつも教師にハンコウしている。────────── 反攻
(5) 失敗の経験を心にメイキする。───────────── 明記
　　　　　　　　　　　　　　　　　　　　　　　　　正答　(1)

【出題パターン②　同音異字】

　提示された漢字と同じ漢字を用いる選択肢を選ぶもの。
［例］次の文の下線部に用いられている漢字と同じ漢字を用いるものはどれか。

43

土地の起伏を正確に見極める
(1) 文明のリキを応用する方法を、やっと思いついた。
(2) 会社に関係した土地のトウキに関する書類を閲覧する。
(3) キタンのない御意見をお願い致します。
(4) かつての会社の社長もフキの客となってしまった。
(5) 彼はヤッキになって、友人の弁護に力を傾けた。

正答　(5)

同音異字

☑	偉	イ大	☑	換	交カン	☑	共	公キョウ
☑	緯	経イ	☑	環	カン境	☑	恭	キョウ順
☑	違	イ反	☑	還	カン元	☑	峡	キョウ谷
☑	役	雑エキ	☑	勘	カン案	☑	狭	キョウ量
☑	疫	検エキ	☑	勧	カン告	☑	協	キョウ定
☑	壊	カイ滅				☑	況	実キョウ
☑	懐	カイ疑	☑	忌	キ引	☑	偶	グウ然
☑	慨	感ガイ	☑	起	キ伏	☑	遇	待グウ
☑	概	ガイ況	☑	記	登キ	☑	隅	一グウ
☑	涯	生ガイ	☑	器	利キ	☑	倹	ケン約
☑	崖	断ガイ	☑	帰	不キ	☑	検	ケン討
☑	劾	弾ガイ	☑	擬	ギ音	☑	験	実ケン
☑	該	ガイ当	☑	疑	ギ念	☑	険	ケン悪
☑	獲	カク得	☑	儀	ギ礼	☑	兼	ケン務
☑	穫	収カク	☑	犠	ギ牲	☑	嫌	ケン疑
			☑	義	正ギ	☑	謙	ケン虚
☑	喚	カン起	☑	議	ギ論			
			☑	供	自キョウ	☑	彩	色サイ

レッスン 05 同音・同訓の漢字

☐	採	サイ算
☐	栽	サイ培
☐	裁	サイ定
☐	載	積サイ
☐	准	批ジュン
☐	準	ジュン拠
☐	循	ジュン環
☐	盾	矛ジュン
☐	訟	訴ショウ
☐	証	確ショウ
☐	詳	ショウ細
☐	壌	土ジョウ
☐	嬢	令ジョウ
☐	譲	ジョウ歩
☐	醸	吟ジョウ
☐	侵	シン害
☐	浸	シン水
☐	姓	旧セイ
☐	征	遠セイ
☐	性	セイ急
☐	牲	犠セイ
☐	租	ソ税
☐	粗	ソ雑
☐	祖	ソ父
☐	組	ソ織
☐	阻	ソ止
☐	致	招チ
☐	質	言チ
☐	置	拘チ
☐	遅	チ滞
☐	地	チ政
☐	徴	チョウ収
☐	懲	チョウ罰
☐	挑	チョウ戦
☐	眺	チョウ望
☐	跳	チョウ躍
☐	兆	吉チョウ
☐	投	トウ与
☐	搭	トウ載
☐	登	トウ庁
☐	謄	トウ本
☐	騰	沸トウ
☐	踏	トウ破
☐	納	出トウ
☐	当	トウ惑
☐	答	トウ申
☐	拍	脈ハク
☐	泊	宿ハク
☐	迫	ハク真
☐	彼	ヒ岸
☐	披	ヒ露
☐	被	ヒ害
☐	幅	増フク
☐	副	フク業
☐	福	フク祉
☐	復	回フク
☐	複	フク雑
☐	腹	空フク
☐	噴	フン火
☐	墳	古フン
☐	憤	フン慨
☐	幣	紙ヘイ
☐	弊	ヘイ害
☐	壁	完ペキ
☐	璧	ヘキ画
☐	癖	潔ペキ
☐	遍	普ヘン
☐	編	ヘン成
☐	偏	ヘン見
☐	募	ボ集
☐	墓	ボ参
☐	慕	追ボ
☐	暮	歳ボ
☐	抱	ホウ負
☐	砲	ホウ撃
☐	胞	同ホウ
☐	飽	ホウ食
☐	妨	ボウ害
☐	紡	ボウ績

同音異義語

☐	異議	イギを申し立てる
☐	異義	同音イギ語
☐	意義	人生のイギを見いだす
☐	意志	イシの強い人だ
☐	意思	個人のイシを尊重する
☐	遺志	故人のイシを継ぐ
☐	移譲	土地をイジョウする
☐	委譲	権限をイジョウする
☐	異常	イジョウ気象
☐	異状	構内にイジョウはない
☐	委嘱	仕事を社外にイショクする
☐	移殖	苗をイショクする
☐	依存	外国にイゾンする
☐	異存	その意見にイゾンはない
☐	一環	教育のイッカンとして行う
☐	一貫	終始イッカンして反対した
☐	移動	低気圧がイドウした
☐	異動	人事イドウが行われた
☐	衛生	エイセイ状態が悪い
☐	永世	エイセイ中立国
☐	衛星	人工エイセイ
☐	恩情	師のオンジョウに報いる
☐	温情	オンジョウに満ちた手紙

☐	皆勤	カイキン賞をもらった
☐	開襟	カイキンシャツを着る
☐	解禁	アユ釣りがカイキンされた
☐	回顧	カイコ録
☐	解雇	不当なカイコ
☐	懐古	カイコ趣味を持つ
☐	改定	運賃をカイテイする
☐	改訂	辞書をカイテイする
☐	解答	試験のカイトウ用紙
☐	回答	アンケートにカイトウする
☐	解放	人質をカイホウする
☐	開放	窓をカイホウする
☐	仮設	カセツ事務所を設ける
☐	仮説	カセツを立てる
☐	架設	電線をカセツする
☐	課程	修士のカテイを修了する
☐	過程	製造のカテイ
☐	加熱	カネツ処理する
☐	過熱	報道がカネツする
☐	喚起	注意をカンキする
☐	換気	部屋のカンキをする
☐	勧奨	早期退職をカンショウする

レッスン05 同音・同訓の漢字

☑	緩衝	カンショウ地帯を設ける
☑	鑑賞	名画をカンショウする
☑	観賞	桜の花をカンショウする
☑	歓心	上司のカンシンを買う
☑	関心	話にカンシンを示す
☑	感心	カンシンな生徒だ
☑	感知	危険をカンチする
☑	関知	一切カンチしない
☑	既成	キセイ概念
☑	既製	キセイ品
☑	脅威	戦火のキョウイに怯える
☑	驚異	キョウイ的な記録
☑	強硬	キョウコウに反対する
☑	強行	キョウコウに突破する
☑	強攻	敵陣をキョウコウする
☑	恐慌	金融キョウコウがおきる
☑	競争	価格キョウソウ
☑	競走	自転車キョウソウ
☑	強迫	キョウハク観念にとらわれる
☑	脅迫	キョウハク状
☑	局地	キョクチ的な豪雨
☑	極地	キョクチ探検に出発する
☑	極致	美のキョクチ
☑	慶事	結婚などのケイジが続く
☑	掲示	ケイジ板にポスターを貼る
☑	啓示	神のケイジがあった
☑	憲章	児童ケンショウを尊重する
☑	懸賞	ケンショウに応募する
☑	検証	仮説をケンショウする
☑	懸命	ケンメイに走る
☑	賢明	ケンメイな判断だ
☑	広義	コウギに解釈する
☑	講義	社会学のコウギを受ける
☑	抗議	判定にコウギする
☑	公儀	コウギの役人
☑	高尚	コウショウな趣味
☑	交渉	労使コウショウが妥結した
☑	公称	コウショウ発行部数
☑	口承	民話をコウショウで伝える
☑	考証	時代コウショウ
☑	構成	家族コウセイ
☑	後世	コウセイに残る作品
☑	後生	コウセイの育成に努める
☑	校正	文章のコウセイを行う
☑	厚生	福利コウセイの充実
☑	更生	会社コウセイ法
☑	公正	コウセイ取引委員会
☑	工程	製造コウテイを確認する
☑	行程	バスで3時間のコウテイだ

☑	交付	自動車免許証をコウフする
☑	公布	法律をコウフする
☑	功名	けがのコウミョウ
☑	巧妙	コウミョウな手口
☑	固持	自説をコジする
☑	固辞	謝礼をコジする
☑	誇示	権力をコジする
☑	時期	ジキ尚早
☑	時機	ジキを逸す
☑	時季	ジキ外れ
☑	志向	上昇シコウの強い人物
☑	指向	健全な方向をシコウする
☑	施行	政策をシコウする
☑	試行	シコウ錯誤を重ねる
☑	自省	ジセイの念にかられる
☑	自制	ジセイ心を働かす
☑	収拾	事態をシュウシュウする
☑	収集	情報をシュウシュウする
☑	周知	シュウチ徹底させる
☑	衆知	シュウチを集める
☑	修得	数学の単位のシュウトク
☑	習得	技術のシュウトクに務める
☑	拾得	シュウトク物を届ける
☑	収得	株式をシュウトクする
☑	修了	シュウリョウ証書

☑	終了	任務がシュウリョウする
☑	傷害	ショウガイ事件が起こった
☑	障害	ショウガイを乗り越える
☑	渉外	銀行のショウガイ担当です
☑	生涯	ショウガイ忘れられない事
☑	資料	統計シリョウを作成する
☑	史料	江戸時代のシリョウ
☑	試料	実験のシリョウ
☑	審議	委員によるシンギが長引く
☑	真偽	シンギを確かめる
☑	信義	シンギに厚い
☑	浸入	濁水のシンニュウを防ぐ
☑	侵入	不法シンニュウ
☑	進入	車のシンニュウ禁止
☑	清算	過去をセイサンする
☑	精算	出張旅費をセイサンする
☑	成算	勝利のセイサンがある
☑	先制	センセイ点を守り勝利した
☑	専制	センセイ君主
☑	占星	センセイ術で吉凶を判断
☑	宣誓	選手センセイ
☑	占用	道路のセンヨウ許可
☑	専用	センヨウ電話
☑	壮行	ソウコウ会を開く
☑	走行	ソウコウ距離を記録する

レッスン 05 同音・同訓の漢字

☐	疎外	周囲からソガイされている
☐	阻害	発育をソガイする
☐	対象	企画のタイショウは女性だ
☐	対照	比較タイショウする
☐	対称	左右タイショウの図形
☐	体制	資本主義タイセイ
☐	体勢	タイセイを崩して転ぶ
☐	態勢	受け入れタイセイを整える
☐	追求	利潤をツイキュウする
☐	追及	責任をツイキュウする
☐	追究	真理をツイキュウする
☐	適性	テキセイ検査を受ける
☐	適正	テキセイな販売価格
☐	投合	意気トウゴウする
☐	統合	3つの部署をトウゴウする
☐	廃棄	ハイキ物を処分する
☐	排気	ハイキガス規制
☐	反抗	教師にハンコウする
☐	反攻	北軍はハンコウに転じた
☐	必死	ヒッシに勉強する
☐	必至	負けるのはヒッシだ
☐	不祥	フショウ事が発覚する
☐	不詳	作者はフショウだ
☐	不肖	フショウの息子
☐	不振	業績フシンを解消する
☐	腐心	事業の再建にフシンする
☐	普請	敷地内に離れをフシンする
☐	不審	フシンな車が目撃された
☐	不信	フシンの念を抱く
☐	平行	議論はヘイコウ線をたどる
☐	並行	ヘイコウして走る
☐	平衡	体のヘイコウを失い倒れる
☐	保障	生活をホショウする
☐	保証	品質をホショウする
☐	補償	損害をホショウする
☐	見栄	ミエを張る
☐	見得	舞台でミエを切る
☐	未踏	人跡ミトウの地
☐	未到	前人ミトウの記録
☐	無常	ムジョウ観に満ちた作品
☐	無情	ムジョウな仕打ち
☐	銘記	師の言葉を心にメイキする
☐	明記	住所氏名をメイキする
☐	有終	ユウシュウの美を飾る
☐	優秀	ユウシュウな人材を集める
☐	幽囚	ユウシュウの身となる

同訓異字

☑	合う	計算が<u>あう</u>
☑	会う	客と<u>あう</u>時刻
☑	遭う	災難に<u>あう</u>
☑	上げる	腕前を<u>あげる</u>
☑	揚げる	たこを<u>あげる</u>
☑	挙げる	例を<u>あげる</u>
☑	暑い	今日は<u>あつい</u>
☑	熱い	<u>あつい</u>湯
☑	厚い	<u>あつい</u>壁
☑	誤る	適用を<u>あやまる</u>
☑	謝る	非礼を<u>あやまる</u>
☑	痛む	足が<u>いたむ</u>
☑	傷む	家が<u>いたむ</u>
☑	悼む	故人を<u>いたむ</u>
☑	打つ	くぎを<u>うつ</u>
☑	討つ	賊を<u>うつ</u>
☑	撃つ	鉄砲を<u>うつ</u>
☑	写す	書類を<u>うつす</u>
☑	映す	幻灯を<u>うつす</u>
☑	犯す	過ちを<u>おかす</u>
☑	侵す	権利を<u>おかす</u>
☑	冒す	危険を<u>おかす</u>
☑	送る	荷物を<u>おくる</u>
☑	贈る	祝いの品を<u>おくる</u>
☑	収める	手中に<u>おさめる</u>
☑	納める	税金を<u>おさめる</u>
☑	治める	領地を<u>おさめる</u>
☑	修める	学業を<u>おさめる</u>
☑	顧みる	過去を<u>かえりみる</u>
☑	省みる	自ら<u>かえりみる</u>
☑	変える	形を<u>かえる</u>
☑	換える	車を乗り<u>かえる</u>
☑	替わる	社長が<u>かわる</u>
☑	代わる	石油に<u>かわる</u>燃料
☑	掛かる	迷惑が<u>かかる</u>
☑	懸かる	優勝が<u>かかる</u>
☑	架かる	橋が<u>かかる</u>
☑	乾く	空気が<u>かわく</u>
☑	渇く	のどが<u>かわく</u>
☑	聞く	うわさを<u>きく</u>
☑	聴く	音楽を<u>きく</u>
☑	効く	薬が<u>きく</u>
☑	利く	左手が<u>きく</u>
☑	極める	栄華を<u>きわめる</u>
☑	究める	学問を<u>きわめる</u>
☑	越える	峠を<u>こえる</u>

レッスン 05 同音・同訓の漢字

☑	超える	能力をこえる
☑	答える	質問にこたえる
☑	応える	期待にこたえる
☑	捜す	犯人をさがす
☑	探す	空き家をさがす
☑	裂く	布をさく
☑	割く	時間をさく
☑	締まる	ひもがしまる
☑	絞まる	首がしまる
☑	閉まる	戸がしまる
☑	勧める	入会をすすめる
☑	薦める	候補者としてすすめる
☑	備える	台風にそなえる
☑	供える	お神酒をそなえる
☑	堪える	鑑賞にたえる
☑	耐える	疲労にたえる
☑	尋ねる	道をたずねる
☑	訪ねる	知人をたずねる
☑	戦う	敵とたたかう
☑	闘う	病気とたたかう
☑	断つ	退路をたつ
☑	絶つ	消息をたつ
☑	裁つ	生地をたつ
☑	努める	解決につとめる
☑	勤める	会社につとめる
☑	務める	議長をつとめる
☑	取る	手にとる
☑	採る	血をとる
☑	執る	事務をとる
☑	捕る	ねずみをとる
☑	撮る	写真をとる
☑	伸ばす	手足をのばす
☑	延ばす	出発をのばす
☑	図る	合理化をはかる
☑	計る	時間をはかる
☑	測る	距離をはかる
☑	量る	目方をはかる
☑	謀る	暗殺をはかる
☑	諮る	審議会にはかる
☑	張る	氷がはる
☑	貼る	ポスターをはる
☑	見る	遠くの景色をみる
☑	診る	患者をみる
☑	良い	品質がよい
☑	善い	よい行い
☑	読む	本をよむ
☑	詠む	和歌をよむ
☑	沸く	湯がわく
☑	湧く	勇気がわく

ここでチャレンジ！演習問題

No.1 次の文の下線部に用いられている漢字と同じ漢字を用いるものはどれか。

突然の出来事に、彼はトウ惑しているようだった。
(1) 委員長は市長にトウ申書を提出した。
(2) 薬をトウ与したが、効果がなかった。
(3) 今日から職員として役所にトウ庁する。
(4) 山岳隊は険しい山道をトウ破した。
(5) わが社のトウ面の問題は人材の確保だ。

正答：(5)
解説：問題文の漢字にあてはまる漢字は「当惑」である。
   (1) ×「答申書」 (2) ×「投与」 (3) ×「登庁」
   (4) ×「踏破」 (5) ○「当面」

No.2 次の文の下線部にあたる漢字を正しく書いているものはどれか。
(1) たびたび上層部のフショウ事が発覚している。 ――― 不詳
(2) ユウシュウの美を飾ることができた。 ――― 優秀
(3) 彼の随筆集は、ムジョウ観に満ちた作品であった。 ――― 無情
(4) 私の弟は、今年の三月に義務教育のカテイを修了する。 ― 過程
(5) 細胞の研究を社外の専門家にイショクする。 ――― 委嘱

正答：(5)
解説：(1) ×「不祥事」 (2) ×「有終」 (3) ×「無常観」
   (4) ×「課程」 (5) ○「委嘱」

レッスン 06 熟語の意味

レッスンの Point　　　　　　　　　　重要度 ★★☆

熟語のなかには似たような熟語もあるので、微妙な意味の違いに普段から気をつけよう！

　漢字2文字の熟語（あるいは熟語を含む語句）の意味に関する問題は、確実に正答して得点源としたいものです。問題は過去一貫して「語句の意味として正しい（最も適当な）ものはどれか」「言葉の意味に合致する熟語はどれか」という問いに対し、5つある選択肢から正答を選ぶ形式になっています。

出題パターン①

　提示された意味に該当する熟語の選択肢を選ぶもの。
［例］次の言葉の意味に合致する熟語はどれか。
　一つの物事にこだわること
(1) 遺恨　　(2) 拘泥　　(3) 没頭　　(4) 貫徹　　(5) 真剣

正答　**(2)**

出題パターン②

　提示された熟語に対し、正しい（適切な）意味の選択肢を選ぶもの。
［例］次の熟語の意味として、最も適切なものはどれか。
　「盲従」
(1) 相手の言うがままに従うこと
(2) 迷いながら従うこと
(3) うわべだけ従うこと

(4) へつらい従うこと
(5) いやいやながら従うこと

正答　(1)

どういう熟語が出題されるかの予想は困難ですが、見たり聞いたりしたことがないような難解な熟語は出題されていません。落ち着いて選択肢を見比べていけば正答にたどり着けます。

○過去問から考える「熟語の構成と意味」

中国から伝わって日本に定着した「漢字」の大きな特徴は、1文字1文字に**意味**があることです。

熟語は、漢字と漢字が合わさったものですが、2字からなる熟語の構成には次の5つのパターンがあります。熟語の意味を考える場合、その熟語がどれに当てはまるかに注意してみてください。

熟語の構成
　①同じような意味の字を重ねたもの
　②反対または対照的な意味を表す字を重ねたもの
　③先にくる字が後の字を修飾しているもの
　④下の字が上にある字の目的語あるいは補語になっているもの
　⑤上の字が下の字の意味を打ち消しているもの

過去に「熟語の意味」の分野で正答とされた熟語をこの分類に当てはめると以下のようになります。

【例1】不断：⑤
「断」には「たやす」という意味があり、上に「不」がつくことで、「たやさない」⇒「いつも」「日ごろ」「平生(へいぜい)」という意味になります。ただし、四字熟語の「優柔不断」の「不断」は「決められない」という意味で、「決断」の場合と同じく、この場合の「断」は「きめる」「きっ

ぱりきめる」という意味で用いられています。下の字を打ち消す字としては「不」の他に「非」「無」「未」があります。

【例2】横柄：③

「横柄」の「横」は「横暴」「専横」「横着」と同様、「かってきまま」「わがまま」という意味です。「柄」には「身分」「品格」という意味があり、「横柄」は「横」が「柄」を修飾して「いばって無礼な態度」という意味になります。

【例3】盲従：③

「盲従」の「盲」は「物事や道理のわからないこと」という意味で用いられ、「盲従」は「相手の言うがままに従うこと」という意味になります。③の例としては、「暫定」「急増」「優遇」（連用修飾）、「短期」「物価」「暖流」（連体修飾）などがあります。

【例4】拘泥：①

「泥」には「こだわる」という意味もあり、「拘」と同じような意味の字を重ねた例です。「安穏(あんのん)」「侵犯(しんぱん)」「衝突」「遭遇」「悦楽(えつらく)」「幼稚」「脅威」など、①の構成の熟語もたくさんあります。

【例5】清廉：①

「廉」は「廉価」という熟語から「やすい」という意味を思い浮かべがちですが、「いさぎよい」「清く正しい」という意味もあります。

【例6】示唆：①

「唆」は「そそのかす」、「けしかける」という意味の字ですが、「すすめる」という意味もあります。「示唆」で「（それとなく）示し教える」という意味となり、「唆」は「示」と同じような意味とはいえませんが、②〜⑤のいずれにも当てはまらないので①の亜流と考えればよいでしょう。

【例7】生計：③

「生計」とは「生活を立てていく方法」を意味する熟語です。「計」には「三十六計逃げるに如かず」という言い回しからわかるように「はかりごと」「くわだて」という意味もあります。「生」は「計」を修飾する字として用いられています。

こうして見てみると、過去に出題された熟語は①、③、⑤の構成ばかりであることがわかります。「大小」「高低」「上下」「軽重」「愛憎」のような②、「喫茶」「減刑」「着席」のような④のパターンは意味がわかりやすいため、出題対象とならないのでしょう。

ここでチャレンジ！演習問題

No.1 次の語句の意味として、正しいものはどれか。
「不断に」
(1) とつぜん　　(2) たえず　　(3) ときどき
(4) まれに　　(5) おもに

正答：(2)
解説：「断」には「たやす」という意味があり、上に「不」がつくことで、「たやさない」⇒「たえず」「いつも」「平生（へいぜい）」という意味になる。

No.2 次に示されている文の意味に合致する熟語は次のうちどれか。
ひどくいばって人をふみつけにした態度であること
(1) 横柄　　(2) 暴挙　　(3) 勇敢　　(4) 憤慨　　(5) 暴動

正答：(1)
解説：(1) ○　「横柄」の意味は「ひどくいばって人をふみつけにした態度であること」である。
　　　(2) ×　「暴挙」の意味は「乱暴なふるまい」である。
　　　(3) ×　「勇敢」の意味は「勇気があり、果断なこと」である。
　　　(4) ×　「憤慨」の意味は「不正・不当なことに対して、ひどく怒ること」である。
　　　(5) ×　「暴動」の意味は「多くの者が集まって騒ぎを起こすこと」である。

No.3 次の文に示す語義に該当する語として、正しいものはどれか。

　　心が清らかで、私欲がないこと

　（1）清純　　（2）淡泊　　（3）明朗　　（4）清廉　　（5）洒脱

正答：(4)

解説：(1)　×　「清純」の意味は「清くて、まじりけがないこと」である。
　　　(2)　×　「淡泊」の意味は「あっさりしていること」である。
　　　(3)　×　「明朗」の意味は「明るく朗らかなこと」である。
　　　(4)　○　「清廉」の意味は「心が清らかで、私欲がないこと」である。
　　　(5)　×　「洒脱」の意味は「さっぱりとしていて俗気がないこと」である。

No.4 次の言葉の意味に合致する熟語はどれか。

　　細かい点まで行き届かず、いい加減なこと

　（1）粗雑　　（2）乱用　　（3）軽率　　（4）低劣　　（5）退廃

正答：(1)

解説：(1)　○　「粗雑」の意味は「細かい点まで行き届かず、いい加減なこと」である。
　　　(2)　×　「乱用」の意味は「むやみやたらに使うこと」である。
　　　(3)　×　「軽率」の意味は「物事を深く考えず軽々しく行う様子」である。
　　　(4)　×　「低劣」の意味は「程度が低く、くだらないこと」。また、「人格や品性が卑しいこと」である。
　　　(5)　×　「退廃」の意味は「勢いなどが衰え、すたれること」である。

No.5 次の文に示す語義に該当する語として、正しいものは次のうちどれか。

それとなくわからせること

(1) 提示　　(2) 訓令　　(3) 指図　　(4) 案内　　(5) 示唆

正答：(5)

解説：(1) ×　「提示」の意味は「差し出して見せること」である。
　　　(2) ×　「訓令」の意味は「上級官庁が下級官庁に対して、法令解釈や事務の方針に関して下す命令」である。
　　　(3) ×　「指図」の意味は「人に命令して、ある事をさせること」である。
　　　(4) ×　「案内」の意味は「ある場所へ導いて連れていくこと」である。
　　　(5) ○　「示唆」の意味は「それとなくわからせること」である。

No.6 下の文に示す語義に該当する語として、正しいものは次のうちどれか。

生活していく方法

(1) 手段　　(2) 生計　　(3) 収入　　(4) 家庭　　(5) 消費

正答：(2)

解説：(1) ×　「手段」の意味は「目的をなしとげるための方法、手だて」である。
　　　(2) ○　「生計」の意味は「生活していく方法」である。
　　　(3) ×　「収入」の意味は「働いたり事業を営んだりして入ってくる金銭のこと」である。
　　　(4) ×　「家庭」の意味は「夫婦・親子など、家族が生活をともにする集まり」である。
　　　(5) ×　「消費」の意味は「お金・物・時間などを、使ってなくすこと」である。

レッスン 07 四字熟語

レッスンの Point　重要度 ★★

四字熟語の意味のほか、類義語・対義語とも比較しながら覚えていこう。

　四字熟語は、中国の**故事**にもとづくもの、**仏教語**にもとづくもの、**成句や格言**としての性格を持つものなどさまざまです。その意味や、**類義語**、**対義語**などにあたる四字熟語もあわせて覚え、理解を深めましょう。近年では、次のような出題パターンがあります。

出題パターン①

四字熟語の意味が正しい選択肢を選ぶもの。
［例］次の四字熟語の意味が正しいものはどれか。
(1) 一衣帯水　——　着物一枚を着て、水浴びすること
(2) 曲学阿世　——　学問の真理を曲げて、世間の人気にこびへつらうこと
(3) 毀誉褒貶　——　相手を褒め上げること
(4) 荒唐無稽　——　荒々しい様
(5) 森羅万象　——　森の中の生態系のこと

　　　　　　　　　　　　　　　　　　　　正答　(2)

正しい意味を問う問題（出題パターン①）が多く出題されていますが、類似した意味を持つ四字熟語の組合せを問う問題（出題パターン②）も出題されています。

> **出題パターン②**
>
> 意味の類似した四字熟語の組合わせの選択肢を選ぶもの。
> ［例］次のうち、意味の類似した四字熟語を組み合わせているのはどれか。
> (1) 清廉潔白　──　花鳥風月
> (2) 朝令暮改　──　朝三暮四
> (3) 東奔西走　──　内憂外患
> (4) 呉越同舟　──　四面楚歌
> (5) 薄志弱行　──　優柔不断
>
> 正答　(5)

四字熟語

	四字熟語	意　味　（類 類義語・対 対義語）
☑	青息吐息（あおいきといき）	非常に困ったり苦しんでいる状態のこと。
☑	唯唯諾諾（いいだくだく）	物事の善悪にかかわらず、人の意見に従い、いいなりになること。
☑	意気軒昂（いきけんこう）	気持ちが奮い立って、意気込みが盛んな様子。　類 意気衝天・意気揚揚　対 意気消沈
☑	意気消沈（いきしょうちん）	元気をなくし、しょげかえること。　対 意気軒昂・意気衝天・意気揚揚
☑	意気衝天（いきしょうてん）	非常に意気込みがさかんなこと。　類 意気軒昂・意気揚揚　対 意気消沈
☑	意気揚揚（いきようよう）	得意そうで威勢がよいさま。　類 意気衝天・意気軒昂　対 意気消沈
☑	異口同音（いくどうおん）	皆が口をそろえて、同じことを言うこと。また、大勢の人の意見が一致すること。
☑	意志薄弱（いしはくじゃく）	明確な自分の意志をもたないさま。　類 薄志弱行・優柔不断
☑	一衣帯水（いちいたいすい）	一筋の帯のように細く長い川や海峡。転じて、2つのものがきわめて近接していること。近しい関係のたとえ。
☑	一日千秋（いちじつせんしゅう）	待ち焦がれて、一日がとても長く感じられることのたとえ。「一日三秋（いちじつさんしゅう）」ともいう。

	四字熟語	意　味　（類類義語・対対義語）	
☑	一騎当千（いっきとうせん）	一人で千人の敵に対抗できるほど実力があること。人並み外れた能力を持つ人を形容する語。	
☑	一触即発（いっしょくそくはつ）	ちょっとしたきっかけで、危険なことになりそうな緊迫した状態のこと。	類 危機一髪（ききいっぱつ）
☑	一刀両断（いっとうりょうだん）	物事を思い切って処理すること。速やかに決断すること。	
☑	有為転変（ういてんぺん）	この世のものは常に移り変わっていくということ。この世が無常ではかないことのたとえ。	類 諸行無常（しょぎょうむじょう）
☑	有象無象（うぞうむぞう）	世の中の有形無形のいっさいのもの。また、数ばかり多く、役に立たないつまらない物や人。	類 森羅万象（しんらばんしょう）
☑	海千山千（うみせんやません）	経験を積み、世間の裏も表も知り尽くして抜け目がないこと。	類 百戦錬磨（ひゃくせんれんま）
☑	円転滑脱（えんてんかつだつ）	物事を滞りなく処理していくこと。「円滑洒脱（えんかつしゃだつ）」ともいう。	
☑	快刀乱麻（かいとうらんま）	難しい事件やこじれた物事を、見事に処理、解決すること。	類 一刀両断（いっとうりょうだん）
☑	花鳥風月（かちょうふうげつ）	四季折々の自然の美しい風景や風物。また、それを鑑賞し詩歌などをたしなむ風流なさま。	類 雪月風花（せつげつふうか）
☑	我田引水（がでんいんすい）	自分の都合のよいように、考えたり物事を取り計らうこと。	類 牽強付会（けんきょうふかい）
☑	画竜点睛（がりょうてんせい）	物事の肝心なところ。大切な最後の仕上げ。「点睛開眼（てんせいかいがん）」ともいう。	
☑	危機一髪（ききいっぱつ）	危ない瀬戸際。ほんのわずかな違いで、きわめて危険な状態に陥りそうなこと。	
☑	起死回生（きしかいせい）	絶望的な状態を立て直し、もとに戻すこと。悪い状況が劇的によくなること。	
☑	疑心暗鬼（ぎしんあんき）	疑う気持ちがあると、なんでもないことまで疑わしく不安に思えてくること。	
☑	曲学阿世（きょくがくあせい）	学問の真理を曲げて、世間の人気を得ようとすること。世論や時勢に迎合すること。	
☑	玉石混淆（ぎょくせきこんこう）	優れたものと劣ったものが入り混じっていること。「玉石混交（ぎょくせきこんこう）」とも書く。	
☑	虚心坦懐（きょしんたんかい）	わだかまりがなく、素直でさっぱりした気持ちでいること。	類 明鏡止水（めいきょうしすい）
☑	毀誉褒貶（きよほうへん）	ほめたり、けなしたりすること。世間のさまざまな風評。	
☑	金科玉条（きんかぎょくじょう）	守らなければならない、絶対的なよりどころとなる信条や規則・法律。	

	四字熟語	意味　（類類義語・対対義語）
☐	牽強付会（けんきょうふかい）	道理に合わないことでも、自分の都合に合わせて無理にこじつけること。
☐	堅忍不抜（けんにんふばつ）	意志がかたく、どんな困難にも耐え心を動かさないこと。
☐	厚顔無恥（こうがんむち）	厚かましく、恥知らずなこと。
☐	剛毅果断（ごうきかだん）	意志が強く決断力があること。　対 優柔不断（ゆうじゅうふだん）
☐	巧遅拙速（こうちせっそく）	巧みで遅いより、へたでも速いほうがよいという意味。
☐	荒唐無稽（こうとうむけい）	考えや言うことに根拠がなく、現実性に欠けること。でたらめで、とりとめのないこと。
☐	呉越同舟（ごえつどうしゅう）	仲の悪い者同士が同じ場所に居合わせること。また、敵同士でも共通の利害のために協力しあったりすること。
☐	言語道断（ごんごどうだん）	言葉で言い表せないほどひどいこと。もってのほか。
☐	才色兼備（さいしょくけんび）	女性が才知と美貌を兼ね備えていること。
☐	山紫水明（さんしすいめい）	山や川などの自然の景観が清らかで美しいこと。「水紫山明（すいしさんめい）」ともいう。
☐	実践躬行（じっせんきゅうこう）	自分自身で実際に行動すること。口先だけでなく、態度で示すこと。　類 率先垂範（そっせんすいはん）
☐	四面楚歌（しめんそか）	周囲がみな敵で、完全に孤立すること。周りのすべての人から非難されていることのたとえ。
☐	遮二無二（しゃにむに）	後先を考えず、物事を強引にすすめること。がむしゃらに。　類 無二無三（むにむさん）
☐	周章狼狽（しゅうしょうろうばい）	思いがけない事態にあわてふためくこと。　対 泰然自若（たいぜんじじゃく）
☐	十人十色（じゅうにんといろ）	考えや好み、性格などは人により違うということ。
☐	諸行無常（しょぎょうむじょう）	人生が無常ではかないことのたとえ。仏教の根本思想。　類 有為転変（ういてんぺん）
☐	針小棒大（しんしょうぼうだい）	小さな物事を、実際より大げさに言うこと。
☐	森羅万象（しんらばんしょう）	宇宙間に存在するすべてのもの。　類 有象無象（うぞうむぞう）
☐	青天白日（せいてんはくじつ）	心にやましいことがまったくないこと。

	四字熟語	意　味　（類類義語・対対義語）	
☑	せいれんけっぱく 清廉潔白	心や行いが清く、私欲や不正などがまったくないこと。	類 せいてんはくじつ 青天白日
☑	せつげつふうか 雪月風花	四季折々の自然の美しい風景や風物。また、それを鑑賞し詩歌などをたしなむ風流なさま。	類 かちょうふうげつ 花鳥風月
☑	せんさばんべつ 千差万別	いろいろな種類や違いがあって、一律ではないこと。	類 じゅうにんといろ 十人十色
☑	そっせんすいはん 率先垂範	人より先に実践して模範を示すこと。	類 じっせんきゅうこう 実践躬行
☑	たいぜんじじゃく 泰然自若	落ち着きはらって少しも動じないさま。	対 しゅうしょうろうばい 周章狼狽
☑	だいどうしょうい 大同小異	細かい点で差異はあるがだいたい同じであること。	類 どうこういきょく 同工異曲
☑	ちょうさんぼし 朝三暮四	結果は同じだが、見かけの違いにこだわること。「朝四暮三（ちょうしぼさん）」ともいう。	
☑	ちょうれいぼかい 朝令暮改	命令や法令などがすぐに変更されて定まらないこと。「朝改暮変（ちょうかいぼへん）」、「朝変暮改（ちょうへんぼかい）」ともいう。	
☑	ちょくじょうけいこう 直情径行	相手の思惑や周囲の事情などを考えずに、自分の思うままに行動すること。	
☑	とういそくみょう 当意即妙	その場の状況に合わせて機転のきいた対応をすること。	
☑	どうこういきょく 同工異曲	外見は異なるが、内容は似たり寄ったりであること。また、音楽の演奏や詩文の作品などで、技量は同じであってもその味わいや趣が異なること。	類 だいどうしょうい 大同小異
☑	とうこうせいそう 東行西走	あちこちと忙しく走り回ること。	類 とうほんせいそう 東奔西走
☑	どうしょういむ 同床異夢	同じ仲間や同じ仕事をしているものでも、目的や考え方が異なっていることのたとえ。	
☑	とうほんせいそう 東奔西走	仕事や用事のためにあちこち忙しく走り回ること。	類 とうこうせいそう 東行西走
☑	ないゆうがいかん 内憂外患	内部にも外部にも問題や心配事が多いこと。国内の心配事と国外との間に起こる煩わしい問題。	
☑	はくしじゃっこう 薄志弱行	意志が弱く、実行力に欠けること。	類 いしはくじゃく・ゆうじゅうふだん 意志薄弱・優柔不断
☑	ばじとうふう 馬耳東風	意見や批判を心にとめず聞き流すこと。何を言っても反応がないこと。	
☑	はっぽうびじん 八方美人	誰からもよく思われようと、如才なく振る舞うこと。また、そのような人。	
☑	ひゃくせんれんま 百戦錬磨	多くの経験を積み、鍛えられていること。	類 うみせんやません 海千山千

	四字熟語	意　味　（類類義語・対対義語）
☑	比翼連理（ひよくれんり）	男女の情愛が深いこと、仲睦まじいことのたとえ。
☑	不倶戴天（ふぐたいてん）	この世にともに共存できないほど、深い恨みや憎しみがあること。
☑	付和雷同（ふわらいどう）	自分の主張を持たず、安易に他人の意見に同調すること。　類 唯唯諾諾（いいだくだく）
☑	抱腹絶倒（ほうふくぜっとう）	腹を抱えてひっくり返るほど大笑いすること。
☑	無二無三（むにむさん）	一心不乱なさま。ただ一つであること。　類 遮二無二（しゃにむに）
☑	明鏡止水（めいきょうしすい）	心にくもりやわだかまりがなく、澄み切って落ち着いた心境。　類 虚心坦懐（きょしんたんかい）
☑	面目躍如（めんもくやくじょ）	世間の評価にふさわしい活躍をすること。また、その人らしく生き生きと振る舞うこと。
☑	優柔不断（ゆうじゅうふだん）	ぐずぐずしていて物事をはっきり決められないこと。　類 意志薄弱（いしはくじゃく）・薄志弱行（はくしじゃっこう）　対 剛毅果断（ごうきかだん）
☑	羊頭狗肉（ようとうくにく）	外見は立派だが、実質が伴わないこと。みかけだおし。「羊質虎皮（ようしつこひ）」ともいう。
☑	竜頭蛇尾（りゅうとうだび）	最初は勢いがよいが、終わりは勢いがないこと。

ここでチャレンジ！演習問題

No.1 次の四字熟語の意味が正しいものはどれか。
(1) 青息吐息　──　息が青く見えるほど寒い日のこと
(2) 有為転変　──　世の中を大きく変えるほど強い力を持つこと
(3) 海千山千　──　海や山を数多く超えなくてはならないほど遠い道のりのこと
(4) 言語道断　──　言葉で言い表すことができないほどひどいこと
(5) 八方美人　──　どこから見ても非の打ちどころのないほど美しい人のこと

正答：(4)

解説：(1) ×　「青息吐息」の意味は「非常に困ったり苦しんでいる状態のこと」である。
　　　(2) ×　「有為転変」の意味は「この世のものは常に移り変わっていくということ」である。
　　　(3) ×　「海千山千」の意味は「経験を積み、世間の裏も表も知り尽くして抜け目がないこと」である。
　　　(4) ○　「言語道断」の意味は「言葉で言い表すことができないほどひどいこと」である。
　　　(5) ×　「八方美人」の意味は「誰からもよく思われようと、如才なく振る舞うこと。また、そのような人のこと」である。

No.2　次の四字熟語の意味が正しいものはどれか。
　(1) 意気軒昂　――　気持ちがくじけ、元気がなくなっている様子
　(2) 一日千秋　――　月日が経つのが早いことのたとえ
　(3) 厚顔無恥　――　何も知らない無能なこと
　(4) 疑心暗鬼　――　疑う気持ちがあると、なんでもないことまで恐ろしくなること
　(5) 千差万別　――　たいした差がないこと

正答：(4)

解説：(1) ×　「意気軒昂」の意味は「気持ちが奮い立って、意気込みが盛んな様子」である。
　　　(2) ×　「一日千秋」の意味は「待ち焦がれて、一日がとても長く感じられることのたとえ」である。
　　　(3) ×　「厚顔無恥」の意味は「厚かましく、恥知らずなこと」である。
　　　(4) ○　「疑心暗鬼」の意味は「疑う気持ちがあると、なんでもないことまで恐ろしくなること」である。
　　　(5) ×　「千差万別」の意味は「いろいろな種類や違いがあって、一律ではないこと」である。

レッスンの Point

重要度 ★★☆

ことわざ・慣用句の意味から、もとのことわざ・慣用句がわかるようにしておこう。

　日頃接する機会も多いことわざ・慣用句ですが、意味や用法などうろ覚えのものがあれば、あらためて覚え直して知識を深めましょう。また、ことわざ・慣用句の意味から、もとのことわざ・慣用句がわかるようにしておきましょう。

出題パターン①

　提示されたことわざ・慣用句に対し、反対の意味となる選択肢を選ぶもの。
[例] 次のことわざと反対の意味を持つものはどれか。
　「背に腹は代えられぬ」
(1) 狭き門より入れ　　　　(4) 生き馬の目を抜く
(2) 青菜に塩　　　　　　　(5) 石橋をたたいて渡る
(3) 渇しても盗泉の水を飲まず

正答　(3)

出題パターン②

　ことわざ・慣用句の意味が正しい選択肢を選ぶもの。
[例] 次の成語の意味が正しいものはどれか。
(1) 腐っても鯛 ——— 優れたものは悪い状態になってもそれなりの価値があるということ
(2) 立て板に水 ——— 水が勢いよく流れるということ
(3) 出る杭は打たれる — 若いうちの苦労は買ってでもしろということ

(4) 二階から目薬 ── ねらいは正確に定めなければならないということ
(5) 百年河清を俟つ ── 何事もじっくりと待たねばならないこと

正答 (1)

他にも、文章中のことわざ・慣用句の用法が誤っている（正しい）選択肢を選ぶものなどもあります。

○ことわざ・慣用句

	ことわざ・慣用句	意　味
☐	息が長い	長期間続いていること。一つのことを続ける、同じ地位を保つなど。
☐	顔から火が出る	恥ずかしくて顔が真っ赤になること。
☐	顔に泥を塗る	相手の面目をつぶすこと。体面をけがすこと。
☐	傍ら痛い（片腹痛い）	身のほどをわきまえない相手のふるまいが、おかしくて見ていられない、いたたまれない様子。
☐	聞き耳を立てる	よく聞こうとして、意識を集中すること。
☐	食指が動く	食欲が起こること。転じて、ある物事に対して興味や欲望が起こること。
☐	手に汗を握る	緊迫した状態を見て、はらはらすること。
☐	手をこまぬく	何もせずに黙って見過ごすこと。
☐	二の足を踏む	実行するのをためらう。しりごみをすること。
☐	膝を交える	たがいに打ちとけて話し合うこと。
☐	臍で茶を沸かす	物事や言動がきわめてばかばかしく、おかしくてたまらないたとえ。

	ことわざ・慣用句	意　味
☑	臍（ほぞ）を噛（か）む	ひどく後悔すること。
☑	身につまされる	人の不幸などを見て、人ごとではなく思われること。
☑	目くじらを立てる	ささいなことを取り立てて、うるさくとがめること。
☑	青菜（あおな）に塩	うちひしがれて、しょげている様子。
☑	生き馬の目を抜く	ずるくてすばやく、抜け目がないこと。油断もすきもないこと。
☑	石の上にも三年	いくら辛くても根気よく続けていれば、やがて良い結果が出るということ。
☑	石橋をたたいて渡る	慎重の上にも慎重に物事を行うこと。
☑	因果（いんが）を含める	やむを得ない事情をよく説明して納得させ、心を決めさせること。
☑	烏合（うごう）の衆（しゅう）	カラスの群れのように、統制も規律もない群衆のこと。
☑	雲泥（うんでい）の差	天と地ほどに、非常に大きなちがいがあること。
☑	快刀乱麻（かいとうらんま）を断つ	込み入った出来事などを、手際よく、明快に解決すること。
☑	渇（かつ）しても盗泉（とうせん）の水を飲まず	どんなに困っても、悪事や不正に手を染めたりしないこと。
☑	枯れ木も山のにぎわい	たいして価値のないものでも、無いよりはあるほうがよいということ。
☑	気炎（きえん）を上げる	威勢のよいことを言うこと。意気盛んに自説を主張すること。
☑	木の股（また）から生まれる	人情に通ぜず人間味に乏しい、また、男女の情がわからないことのたとえ。
☑	気脈（きみゃく）を通じる	他には知られないように気持ちを通じ合うこと。ひそかに連絡をとりあうこと。

ことわざ・慣用句	意味
窮余の一策（きゅうよ）	困り果てて、苦しまぎれに思いついた手段や方法。
腐っても鯛（くさ・たい）	もともと価値の高いものは、悪い状態になってもそれなりの価値があるということ。
苦肉の策（くにく）	苦境打開のために、多少の犠牲を覚悟して立てる策。苦しまぎれのやむを得ない策。
苦杯をなめる（くはい）	つらい経験をすること。
君子危うきに近寄らず	教養があり徳の高い人は、言動を慎み、危険なことには近づかないものだということ。
君子は豹変す（ひょうへん）	徳のある人はあやまりに気づけば、心や行いをすばやく改めるということ。転じて、考えや態度ががらりと変わること。
蛍雪の功（けいせつ）	苦労して勉学に励んだ成果のこと。
怪我の功名（けが・こうみょう）	誤ったり何気なくやったことが、かえって良い結果をもたらすこと。
光陰矢のごとし（こういん）	月日のたつのがはやいことのたとえ。
沽券にかかわる（こけん）	保っていた品位や体面がけがされるおそれがあること。
三顧の礼（さんこ）	礼儀や真心を尽くし、有能な人材を招くこと。目上の人が、ある人を特別に信任、優遇すること。
死んだ子の年を数える	いまさらどうしようもない過去の物事について、愚痴をこぼしたり、後悔したりすること。
水泡に帰する（すいほう）	これまでの努力が報われず、無駄になること。
背に腹は代えられぬ	緊急の大事を乗り切るためには、小事を犠牲にすることもやむを得ないということ。
狭き門より入れ（い）	自分を鍛えるには、克服が容易ではない方法をとるほうがよいということ。

	ことわざ・慣用句	意　味
☑	船頭多くして船山に登る（ふねやま）	指図する人が多くて統一がとれず、物事がうまく運ばないこと。
☑	俎上に載せる（そじょう）	話題や議論、批評の対象として取り上げること。
☑	側杖を食う（そばづえ）	関係のないことにまきこまれ、思いがけない災難にあうこと。
☑	他山の石	他人のよくない言行も、自分を磨く助けになるということ。
☑	立て板に水	すらすらとよどみなく話すこと。
☑	蓼食う虫も好き好き（たで）	人の好みはさまざまであるということ。
☑	提灯に釣り鐘（ちょうちん）	2つのものがまったく比べものにならない、釣り合いが取れないことのたとえ。
☑	角を矯めて牛を殺す（つの）（た）	ささいな欠点を直そうとして、かえって全体を駄目にしてしまうこと。
☑	出る杭は打たれる	才能のある人は周りからねたまれ、妨害されること。また、出しゃばるひとは他人にうとまれ、攻撃されること。
☑	情けは人の為ならず	人に親切にしておけば、巡り巡って自分によい報いがあるということ。
☑	二階から目薬	思うようにいかずじれったいこと。回りくどく効果がないこと。
☑	喉元過ぎれば熱さを忘れる（のどもと）	苦しいことも、過ぎてしまえば忘れてしまうこと。また、苦しい時に受けた恩も、楽になったときには忘れてしまうこと。
☑	背水の陣（はいすい）	決死の覚悟で勝負に挑むこと。
☑	人の口に戸は立てられない	世間の噂は防ぐことができないということ。
☑	人を呪わば穴二つ	他人に危害を加えると、その報いは自分に同じように返ってくるということ。

ことわざ・慣用句	意　味
百年河清を俟つ（ひゃくねんかせいをまつ）	どんなに待ち望んでも、実現しないことのたとえ。
覆水盆に返らず（ふくすいぼんにかえらず）	一度した失敗は、取り返しがつかないということ。
待てば海路の日和あり（まてばかいろのひよりあり）	焦らずに待っていれば、よい時節が到来するということ。
六日の菖蒲十日の菊（むいかのあやめとおかのきく）	物事が時期に遅れて用がなくなってしまうことのたとえ。
寄らば大樹の陰	頼るなら、勢力のある人に頼るほうが安心で有利であるということ。
李下に冠を正さず（りかにかんむりをたださず）	他人に疑いをもたれるような行動は、慎むべきであるということ。

ここでチャレンジ！演習問題

No.1 次のことわざと意味の組み合わせが正しいものはどれか。
(1) 快刀乱麻を断つ ——— 前置きなくいきなり本題に入ること
(2) 木の股から生まれる — 極めて珍しいことを実現すること
(3) 沽券（こけん）にかかわる ——— 名誉や体裁が保てないこと
(4) 提灯に釣り鐘 ——— 危険なことに挑戦しようとすること
(5) 目くじらを立てる ——— 非常に驚くこと

正答：(3)
解説：(1) ✕ 「快刀乱麻を断つ」の意味は「込み入った出来事などを、手際よく、明快に解決すること」である。
(2) ✕ 「木の股から生まれる」の意味は「人情に通ぜず人間味に乏しい、また、男女の情がわからないことのたとえ」である。
(3) ○ 「沽券にかかわる」の意味は「保っていた品位や体面がけがされるおそれがあること」である。
(4) ✕ 「提灯に釣り鐘」の意味は「2つのものがまったく比べもの

にならない、釣り合いが取れないことのたとえ」である。
(5) ×　「目くじらを立てる」の意味は「ささいなことを取り立てて、うるさくとがめること」である。

No.2　次の下線部で示されたことわざ・慣用句の用法が誤っているものはどれか。
(1) 誰が聞き耳を立てているか分からないから、あまり声をあげない方がいい。
(2) 彼は喉元過ぎれば熱さを忘れたかのように、以前熱中していた野球から離れてしまった。
(3) 秘密を約束したって、結局人の口に戸は立てられないよ。
(4) 死んだ子の年を数えるくらいならば、今後のことを考える方が意味がある。
(5) アフリカでの貧困のニュースを見て、身につまされる思いになった。

正答：(2)
解説：(1) ○　「聞き耳を立てる」の意味は「よく聞こうとして、意識を集中すること」である。
(2) ×　「喉元過ぎれば熱さを忘れる」の意味は「苦しいことも、過ぎてしまえば忘れてしまうこと。また、苦しい時に受けた恩も、楽になったときには忘れてしまうこと」である。
(3) ○　「人の口に戸は立てられない」の意味は「世間の噂は防ぐことができないということ」である。
(4) ○　「死んだ子の年を数える」の意味は「いまさらどうしようもない過去の物事について、愚痴をこぼしたり、後悔したりすること」である。
(5) ○　「身につまされる」の意味は「人の不幸などを見て、人ごとではなく思われること」である。

レッスンの Point

重要度 ★★

古典文学から近代・現代文学まで、幅広く出題される。まずは、主要な作品・作者を覚えておこう。

文学史に関する問題は、作品や作者の**正しい組合せ**を問う問題の他に、近年では、次のような出題パターンがあります。

出題パターン①

作者や作品を説明する問題文に対し、該当する選択肢を選ぶもの。
［例］下記の説明に該当する作家は、次のうちどれか。

大学在学中に「飼育」で芥川賞を受賞し、石原慎太郎などとともに新時代の作家として目された。
人類的な問題や、知的障害を持つ長男との交流体験を作品に織り込み、『万延元年のフットボール』『ヒロシマ・ノート』などの作品が代表作である。1994年にはノーベル文学賞を受賞した。
(1) 川端康成　　(2) 遠藤周作　　(3) 司馬遼太郎
(4) 大江健三郎　(5) 村上春樹

正答　**(4)**

出題パターン①では、古典文学の作品の特徴、近代～現代文学の作者についての説明などが提示されます。

作品や作者を覚えるとともに、古典文学は作品の**ジャンル**や**特徴**、近代～現代文学は**作者**の情報などをチェックし、文学史に関する知識や理解を深めましょう。

○古典文学作品

	[ジャンル] 作品名	時代 (成立時期)	著者・編者など	解　説
	[歴史書]			
☐	こじき 古事記	奈良 (712年)	ひえだのあれ 稗田阿礼が暗誦し、 おおのやすまろ 太安万侶が撰録	日本最古の歴史書。
☐	にほんしょき 日本書紀	奈良 (720年)	とねりしんのう 舎人親王らが撰録	日本最古の勅撰歴史書。文体は漢文、編年体で記述されている。
	[和歌集]			
☐	まんようしゅう 万葉集	奈良 (8世紀末)	おおとものやかもち 大伴家持が編集	日本最古の和歌集。三大歌集の一つ。
☐	こきんわかしゅう 古今和歌集	平安前期 (905年頃)	きのつらゆき 紀貫之らが撰進	最初の勅撰和歌集。三大歌集の一つ。
☐	しんこきんわかしゅう 新古今和歌集	鎌倉前期 (1205年)	ごとばじょうこう 後鳥羽上皇の院宣により ふじわらのさだいえ 藤原定家らが撰進	勅撰和歌集。三大歌集の一つ。
	[随筆]			
☐	まくらのそうし 枕草子	平安中期 (11世紀初頭)	せいしょうなごん 清少納言	宮廷生活の見聞を中心とする随筆集。日本三大随筆の一つ。「春はあけぼの。…」で始まる。
☐	ほうじょうき 方丈記	鎌倉前期 (1212年)	かものちょうめい 鴨長明	日本三大随筆の一つ。「ゆく河の流れは絶えずして…」で始まる。
☐	つれづれぐさ 徒然草	鎌倉後期 (1331年)	よしだけんこう 吉田兼好	日本三大随筆の一つ。「つれづれなるままに日暮らし…」で始まる。
	[日記]			
☐	とさにっき 土佐日記	平安前期 (935年頃)	きのつらゆき 紀貫之	日本最古の日記文学。女性に仮託して仮名書きの文章で書かれた旅日記。
☐	さらしなにっき 更級日記	平安中期 (1060年頃)	すがわらのたかすえのむすめ 菅原考標女	少女時代から夫との死別、仏門に入るまでを回想風に綴った日記。
	[物語]			
☐	たけとりものがたり 竹取物語	平安前期 (10世紀初頭)	未詳	最初の仮名書きの物語。「今は昔竹取の翁といふもの…」で始まる。
☐	げんじものがたり 源氏物語	平安中期 (11世紀初頭)	むらさきしきぶ 紫式部	日本古典の代表的作品。前半は光源氏の生涯が描かれる。

	分類/作品	時代	作者	内容
	[歴史物語]			
☑	栄花物語（えいがものがたり）	平安後期 (正編：11世紀)	未詳	藤原道長・頼通親子の栄華を描いた歴史物語。かな書き編年体に記されている。
☑	大鏡（おおかがみ）	平安後期 (11世紀末頃)	未詳	藤原道長を中心とする藤原氏の栄華を描いた歴史物語。二人の老人の対話形式で批判を交え紀伝体で記す。
	[軍記物語]			
☑	平家物語（へいけものがたり）	鎌倉前期 (13世紀前半？)	未詳	平家の栄華と没落を描く軍記物語。「祇園精舎の鐘の声…」で始まる。琵琶法師により平曲として語られた。
☑	太平記（たいへいき）	南北朝 (14世紀後半)	未詳	南北朝の内乱を描いた軍記物語。
	[説話集]			
☑	今昔物語集（こんじゃくものがたりしゅう）	平安後期 (11世紀末頃)	未詳	インド、中国、日本の仏教・世俗説話を収録した日本最大の説話集。各話が「今ハ昔…」で始まる。
	[近代小説]			
☑	日本永代蔵（にっぽんえいたいぐら）	江戸前期 (1688年刊)	井原西鶴（いはらさいかく）	浮世草子。江戸時代の町人の成功談など30編からなる作品。
☑	雨月物語（うげつものがたり）	江戸中期 (1776年刊)	上田秋成（うえだあきなり）	読本。日本および中国の古典に題材を求めた怪異小説集。
	[戯曲]			
☑	曽根崎心中（そねざきしんじゅう）	江戸中期 (1703年初演)	近松門左衛門（ちかまつもんざえもん）	浄瑠璃。心中物の第一作。
☑	国姓爺合戦（こくせんやかっせん）	江戸中期 (1715年初演)	近松門左衛門（ちかまつもんざえもん）	浄瑠璃。中国明朝の再興に努めた和藤内の史実をもとに脚色。なお、作者は浄瑠璃のタイトルを初演時に『国性爺合戦』と記している。
	[紀行文・俳文]			
☑	おくのほそ道	江戸中期 (1702年刊)	松尾芭蕉（まつおばしょう）	俳諧紀行文集。奥州・北陸を旅して著した作品。
☑	おらが春（はる）	江戸後期 (1819年成立/1852年刊)	小林一茶（こばやしいっさ）	俳句俳文集。晩年に得た女児への愛情とその死に対する悲嘆を中心とする作品。

○近代文学作品（明治～戦前）

☐	坪内逍遥 1859 － 1935 （満75歳没）	主な作品：『小説神髄』『当世書生気質』など 小説を美術（芸術）としてさせるために、心理的写実主義を提唱。
☐	森鷗外 1862 － 1922 （満60歳没）	主な作品：『舞姫』『高瀬舟』など 作風は初期は浪漫主義、後期は余裕派、または高踏派。軍の衛生学の調査・研究のためドイツへ留学、帰国後は軍医としての仕事のかたわら、小説・史伝の執筆、翻訳などを行った。
☐	二葉亭四迷 1864 － 1909 （満45歳没）	主な作品：『浮雲』など 日本最初の言文一致体による小説『浮雲』を著す。『あひびき』などロシア文学の翻訳もある。
☐	尾崎紅葉 1867 － 1903 （満35歳没）	主な作品：『金色夜叉』『二人比丘尼色懺悔』など 「硯友社」を興した。門弟の育成・指導にもつとめ、泉鏡花、田山花袋など多数の優れた門下生がいる。
☐	夏目漱石 1867 － 1916 （満49歳没）	主な作品：『坊っちゃん』『草枕』『こころ』など 作風は余裕派、または高踏派。中学教師などを経て英国留学後、大学講師として英文学を講じながら、『吾輩は猫である』を発表する。
☐	幸田露伴 1867 － 1947 （満80歳没）	主な作品：『風流仏』『五重塔』など 擬古典主義の代表的作家。小説『五重塔』などの文語体作品で地位を確立。尾崎紅葉とともに紅露時代と呼ばれる時代を築いた。
☐	国木田独歩 1871 － 1908 （満36歳没）	主な作品：『武蔵野』『牛肉と馬鈴薯』など 自然主義文学の先駆。浪漫的な作品の発表の後、晩年は自然主義的な人生批評に傾いた。また、雑誌「婦人画報」を創刊。
☐	樋口一葉 1872 － 1896 （満24歳没）	主な作品：『たけくらべ』『にごりえ』『十三夜』など 浪漫主義。封建社会の女性に生きる物寂しい生活と悲惨な運命を描いた。
☐	島崎藤村 1872 － 1943 （満71歳没）	主な作品：『破戒』『夜明け前』『春』『家』など 北村透谷らと「文学界」創刊。浪漫主義詩人として登場し、のちに小説に転じる。

☐	泉鏡花（いずみきょうか） 1873 − 1939 （満65歳没）	主な作品：『高野聖（こうやひじり）』『婦系図（おんなけいず）』『歌行燈（うたあんどん）』など 浪漫（ろうまん）的傾向と怪奇幻想的な独自の境地を開いた。
☐	有島武郎（ありしまたけお） 1878 − 1923 （満45歳没）	主な作品：『カインの末裔（まつえい）』『或（あ）る女（おんな）』など 「白樺（しらかば）」創刊に参加。白樺派。
☐	与謝野晶子（よさのあきこ） 1878 − 1942 （満63歳没）	主な作品：『みだれ髪（がみ）』『舞姫（まいひめ）』『恋衣（こいごろも）』など 「明星」の中心となる。処女歌集『みだれ髪』で浪漫（ろうまん）派歌人としてのスタイルを確立した。『源氏物語』の現代語訳なども行う。
☐	永井荷風（ながいかふう） 1879 − 1959 （満79歳没）	主な作品：『あめりか物語（ものがたり）』『断腸亭日乗（だんちょうていにちじょう）』など 耽美（たんび）派。慶応大学教授となり「三田文学」を創刊。
☐	高村光太郎（たかむらこうたろう） 1883 − 1956 （満73歳没）	主な作品：『道程（どうてい）』『智恵子抄（ちえこしょう）』など 詩人、彫刻家。口語自由詩を完成させる。妻智恵子の死後、詩集『智恵子抄』を出版した。
☐	石川啄木（いしかわたくぼく） 1886 − 1912 （満26歳没）	主な作品：『一握（いちあく）の砂（すな）』『悲しき玩具（がんぐ）』など 明星（みょうじょう）派の詩人として出発し、のちに小説・短歌も執筆した。三行書の歌集『一握の砂』を出版、歌壇内外から注目された。
☐	谷崎潤一郎（たにざきじゅんいちろう） 1886 − 1965 （満79歳没）	主な作品：『痴人（ちじん）の愛（あい）』『春琴抄（しゅんきんしょう）』『細雪（ささめゆき）』『刺青（しせい）』など 耽美（たんび）派。第二次「新思潮」を創刊。古典的日本的美意識を深め、独自の世界を築いた。
☐	菊池寛（きくちかん） 1888 − 1948 （満59歳没）	主な作品：『父帰（ちちかえ）る』『恩讐（おんしゅう）の彼方（かなた）に』など 芥川龍之介と第三・四次「新思潮」を創刊した。文藝春秋社を創設し成功をおさめる。芥川賞、直木賞の設立者でもある。
☐	芥川龍之介（あくたがわりゅうのすけ） 1892 − 1927 （満35歳没）	主な作品：『鼻（はな）』『羅生門（らしょうもん）』『地獄変（じごくへん）』『藪（やぶ）の中（なか）』など 歴史、説話に取材した小説で独自の領域を開拓。題材は王朝物、キリシタン物、江戸時代の人物・事件、明治の文明開化期など。
☐	宮沢賢治（みやざわけんじ） 1896 − 1933 （満37歳没）	主な作品：詩『雨（あめ）ニモマケズ』『春と修羅（しゅら）』『風の又三郎（またさぶろう）』『銀河鉄道（ぎんがてつどう）の夜（よる）』など 詩人、童話作家。農学校教師・農業技師として、郷里の農業や文化の指導に献身しながら創作活動をした。

☐	かわばたやすなり 川端康成 1899 − 1972 （満72歳没）	主な作品：『伊豆の踊子』『雪国』『千羽鶴』など 横光利一らと「文芸時代」を創刊、新感覚派運動を起こした。 1968年にノーベル文学賞を受賞。

○現代文学作品（戦後〜　）

☐	さかぐちあんご 坂口安吾 1906 − 1955 （満48歳没）	主な作品：『堕落論』『白痴』など 作風は無頼派、新戯作派。純文学の他に、文明批評、歴史小説、推理小説など活動は多岐にわたる。
☐	だざいおさむ 太宰治 1909 − 1948 （満38歳没）	主な作品：『斜陽』『人間失格』『富嶽百景』『走れメロス』など 作風は無頼派、新戯作派。
☐	だんかずお 檀一雄 1912 − 1976 （満63歳没）	主な作品：『リツ子 その愛』『火宅の人』など 作風は無頼派、新戯作派。「最後の無頼派」ともいわれる。私小説や歴史小説、料理の本なども発表する。
☐	みしまゆきお 三島由紀夫 1925 − 1970 （満45歳没）	主な作品：『仮面の告白』『潮騒』『豊饒の海』など 作風は第二次戦後派。唯美的傾向と鋭い批評精神を特質とする作品を発表した。
☐	おおえけんざぶろう 大江健三郎 1935 −	主な作品：『万延元年のフットボール』『個人的な体験』『燃えあがる緑の木』など 1994年にノーベル文学賞を受賞。共同体と個人の関係、障害のある子との共生などのテーマがある。

●ここでチャレンジ！演習問題●

No.1 下記の説明に該当する詩人はだれか。

　岩手県生まれの詩人、童話作家。農学校教諭を経て、故郷で農業指導にあたりながら創作活動をした。「心象スケッチ」と称した詩集『春と修羅』のほか、童話『風の又三郎』『銀河鉄道の夜』などの代表作がある。

(1) 宮沢賢治　　(2) 中原中也　　(3) 草野心平
(4) 萩原朔太郎　(5) 室生犀星

正答：(1)
解説：(1) ○　宮沢賢治の主な作品は、『雨ニモマケズ』の詩のほか、『春と修羅』『風の又三郎』『銀河鉄道の夜』など。
　　　(2) ×　中原中也の主な作品は、『山羊の歌』『在りし日の歌』など。
　　　(3) ×　草野心平の主な作品は、『第百階級』『母岩』『絶景』『蛙』など。
　　　(4) ×　萩原朔太郎の主な作品は、『月に吠える』『青猫』『氷島』など。
　　　(5) ×　室生犀星の主な作品は、『愛の詩集』『抒情小曲集』『杏っ子』など。

No.2 下記の説明に合致している古典文学作品はどれか。
　平安時代後期に成立した歴史物語で、長命な二人の老人の対話に若い侍が批評するという形式で描かれている。平安時代中期、特に藤原道長の栄華を取り扱っているが、その視点において批判的な叙述が随所にみられる。
(1) 大鏡　　　　(2) 国姓爺合戦　　(3) 太平記
(4) 栄花物語　　(5) 雨月物語

正答：(1)
解説：(1) ○　『大鏡』は、藤原道長を中心とする藤原氏の栄華を描いた歴史物語。二人の老人の対話形式で批判を交え紀伝体で記す。作者未詳。
　　　(2) ×　『国姓爺合戦』は、近松門左衛門による浄瑠璃。なお、作者は浄瑠璃のタイトルを初演時に『国性爺合戦』と記している。
　　　(3) ×　『太平記』は、南北朝の内乱を描いた軍記物語。作者未詳。
　　　(4) ×　『栄花物語』は、藤原道長・頼通親子の栄華を描いた歴史物語。かな書き編年体に記されている。作者未詳。
　　　(5) ×　『雨月物語』は、上田秋成による読本。日本および中国の古典に題材を求めた怪異小説集。

レッスン10 長文読解（現代文）

レッスンのPoint　重要度 ★★☆

長文読解（現代文）の問題では、要旨把握と内容把握、どちらを問われているかを注意しよう。

　長文読解（現代文）に関する問題では、問題文を読み、問題文の主旨や筆者の主張、または内容などと合致する選択肢を選ぶ問題が出題されます。その種類は、**要旨把握**と**内容把握**の2つのパターンに分かれるため、どちらについての問題かを注意しながら解答しましょう。

問題の種類

要旨把握：問題文で「要旨・主旨」「筆者の主張・考え」という表現で問われる問題がこの要旨把握です。この問題では、「筆者の最も主張したいこと」に合致する選択肢が正答となります。

内容把握：問題文で「内容に合致しているもの」という表現で問われる問題がこの内容把握です。この問題では、筆者の主張や考えだけでなく、「（問題文に）書いてある内容に合致する」選択肢であれば正答となります。

○要旨把握

　要旨把握の問題は、問題文の中で筆者の最も主張したいこと、最も重要と思われる部分を探すことが、問題を解くカギとなります。問題文を読み、筆者の考え・最も重要と思われる部分にアンダーラインを引いておいて、選択肢の内容がこの部分に合致するかどうかを見ていくのが効率的な方法といえます。以下は「筆者の最も主張したいこと（要旨・主旨）」を探すためのポイントです。

❶例示は該当しない

文章の中で示される具体例や引用などの「例示」は、筆者の主張（理論）を補完、補強するための部分です。よって、例示などは基本的には要旨・主旨には該当しないと考えます。

❷主張は繰り返される

筆者の主張（理論）は表現を変えて繰り返される傾向があります。繰り返される内容には注意しましょう。

❸注目すべき表現

文章の中で、以下の表現の部分が「筆者の最も主張したいこと（要旨・主旨）」にかかわる場合が多くみられます。

☐	逆接語の後の文章 **しかし、だが、ところが、けれども、〜に反し、〜に対し**　など
☐	換言語の後の文章 **言い換えれば、つまり、すなわち、要するに、したがって**　など
☐	要約語の後の文章 **このように**　など
☐	対比構文 **AではなくB〜（Aよりも、むしろB〜）**　など。大事なのはBの部分という意味で使われた場合の、B部分に注目します。
☐	疑問形（問題提起）の文章 **〜であろうか**　など。疑問形の文章に注目し、その答えとなる部分を探します。問題提起に対しての**解答部分**は重要な主張にかかわる場合が多くみられます。
☐	**私は（が）〜と思う・感じる・考える** 文章の中でも「**筆者の意見**」と強調している部分です。注目しましょう。

> その他の強調表現
> 文章の中で、強調している部分には注意しましょう。
> ・最上級の表現（最も、何よりも、誰よりも）
> ・唯一の〜
> ・〜しなければならない　　・〜してはじめて
> ・〜すべきである　　　　　・決して〜ない
> ・〜する必要がある　　　　・二重否定　　など

❹ **筆者の主張（理論）の中心文をつかむ**

筆者の主張（理論）のなかでも、その中心となる文章をつかみます。これが文章読解のカギとなります。

> 例示や引用の直前・直後の文章にも、筆者の主張がみられる場合があります。注目しましょう。

○内容把握

内容把握の問題で問われる「内容に合致しているもの」には、もちろん「筆者の最も主張したいこと（要旨・主旨）」も含まれますが、それ以外の「書いてある内容」も含まれます。以下のポイントに注意しましょう。

❶ **要旨・主旨は「内容」に含まれる**

「筆者の最も主張したいこと（要旨・主旨）」そのものや、「筆者の主張の一部」が示されている選択肢も「内容に合致するもの」として正答となります。

❷ **例示や説明は「内容」に含まれる**

要旨把握では除外された具体例や引用などの「例示」や、「説明」、「筆者の主張と関係ないと思われる部分」も「内容」に含まれます。

❸ **「書かれていないこと」を含む選択肢はNG**

問題文に「書かれていないこと」を含む選択肢は排除します。

ここでチャレンジ！演習問題

No.1 次の文章の主旨として、最も適切なものはどれか。

　私はその「全英オープン」というゴルフトーナメントの様子をはじめて見たのだが、その景観は私の持つゴルフのイメージを覆したのである。雨と風が吹き殴り、フィールド上のゴルファーたちは雨雫を滴らせながら寒さのなかで苦渋の表情を見せ、身を丸めていた。（中略）

　考えるにゴルフというのは奇妙なスポーツで、選手が身構え、ボールを打つまでの十秒程度のほんの短い一瞬にすべてが凝縮したゲームである。この計算で行けば、たとえば選手が十八ホールを回ったとして彼らは実際には百八十秒程度しか競技をしていないことになる。にもかかわらずゴルフほど時間のかかるスポーツも珍しい。つまりこのスポーツの時間は競技と競技の間の移動時間、いわば"余白"というべきものにほとんどの時間が費やされている奇妙なゲームなわけだ。私はこの、他のスポーツにはあまり存在しない、緊張と緊張の間の「弛緩」あるいは「間」に興味を抱いた。

　そのとき気づいたことはプロ・ゴルフプレイヤーというのはひどく歩く姿勢が良いということだった。その歩く姿はバレリーナのように地面に直立している人間の姿勢の美しさを感じさせるものがある。おそらくそれはこのスポーツが広大なフィールドの遠くの小さな一点に、小さな球を最小限の打撃で入れなければならないという徹底的に削ぎ落とされた運動を要求される結果、そこにおのずと無駄のない美しいフォームが必要とされるからではないか。その積年の身体矯正と言える修練があのような美しい直立歩行を生んでいるのかもしれない、と私はそのように感じたのである。

（藤原新也『名前のない花』）

(1) ゴルフは人間のメンタルを問い、試す珍しいスポーツであり、その緊張に耐え切れないプロ・ゴルフプレイヤーがバレリーナのように直立してしまう、と筆者は感じた。

(2) ゴルフは十秒程度のほんの短い一瞬にすべてが凝縮したスポーツであり、そのために精神集中をするプロ・ゴルフプレイヤーの姿はバレリーナが直立した姿に似ている、と筆者は感じた。
(3) ゴルフは徹底的に削ぎ落とされた運動を要求されるスポーツであり、そのための修練がプロ・ゴルフプレイヤーの美しい直立歩行を生んでいる、と筆者は感じた。
(4) ゴルフは他のスポーツと異なり、緊張と緊張の間に「弛緩」あるいは「間」が存在し、その繰り返しがプロ・ゴルフプレイヤーの美しい姿勢を生んだ、と筆者は感じた。
(5) ゴルフは競技をしている時間より移動時間のほうが長いスポーツであり、その間の気の緩みを防ぐためにプロ・ゴルフプレイヤーは直立歩行を心がけている、と筆者は感じた。

正答：(3)

解説：要旨把握の問題である。問題文の中で、筆者の主張と思われる部分は、「徹底的に削ぎ落とされた運動を要求される結果、そこにおのずと無駄のない美しいフォームが必要とされるからではないか。その積年の身体矯正と言える修練があのような美しい直立歩行を生んでいるのかもしれない」である。（この文章は「～、と私はそのように感じたのである。」という記述が続き、筆者の考えであることが強調されている。）

(1) × 「ゴルフは人間のメンタルを問い、試す珍しいスポーツであり、緊張に耐え切れないプロ・ゴルフプレイヤーがバレリーナのように直立してしまう」とは述べていない。
(2) × 「精神集中をするプロ・ゴルフプレイヤーの姿はバレリーナが直立した姿に似ている」とは述べていない。
(3) ○ 徹底的に削ぎ落とされた運動を要求される結果、おのずと無駄のない美しいフォームが必要とされ、（そのための）修練があのような美しい直立歩行を生んでいるのかもしれないと述べている。
(4) × 「（緊張と弛緩の）繰り返しがプロ・ゴルフプレイヤーの

美しい姿勢を生んだ」とは述べていない。
(5) ×　「気の緩みを防ぐためにプロ・ゴルフプレイヤーは直立歩行を心がけている」とは述べていない。

No.2　下の文章の内容に合致しているものは次のうちどれか。

　確率というのは、0から1までの数字です。絶対的に正しい時は1で、絶対的な嘘が0。半分正しい時には、「確率0.5で正しい」となります。
　ところが、数学の証明において使われる論理というのは、各ステップとも全部「1」です。AからBも1、BからCも1、CからDも1。ここで大切なのは、AからZまでの論理系としての信憑性は、各ステップでの確率を全部かけ合わせたものにより計られるということです。
　そうすると、数字の場合は各ステップが全部1ですから、百万回かけてもその積は1のままです。ところが恐ろしいことに、どこか一箇所にでも間違いがあると、数字ではそこが0になってしまう。そうすると、仮に1が999999個あっても、途中に0が一箇所あっただけで全部をかけ合わせると0になり、ゴミ屑と同じになってしまいます。
　数学とはそういう世界です。通常はすべてのステップが1だから、論理はいくらでも長くなり得る。
　ところが一般の世の中の論理には、1と0は存在しません。絶対的に正しいことは存在しないし、絶対的な間違いも存在しない。真っ白も真っ黒も存在しない。
　例えば「人を殺してはいけない」というのも、完全に真っ白ではありません。そもそも死刑という制度があって、合法的殺人が認められている。あるいは戦争になれば、敵をなるべくいっぱい殺した者が、世界中どこでも英雄と称えられます。だから、人殺しはいけないというのは、真っ白ではなく、真っ白に限りなく近い灰色です。
　通常は美徳とされる「正直」だって、常に美徳であるとは限らない。本当のことを言ってはいけない時、嘘をつかざるをえない時はいくらでもあります。

（藤原正彦『国家の品格』（新潮新書刊）より）
(1)　数学の証明で使われる論理は絶対的に正しいか絶対的に誤りかで

あり、現実世界でも出来るだけそのような論理を用いることが望ましい。
(2) 数学の世界における論理的な信憑性は、各論理段階の正しさの積で表しているが、実際には加減乗除様々な要素で計算されるべきである。
(3) 現実の世界で人を殺すという行為を絶対的に正当化できる根拠はないのであるから、死刑制度を存続させておくのは望ましいとはいえない。
(4) 戦争において多くの敵を殺した人を英雄として絶対的に正当化できるのは、一般の世の中の論理の前提に「自国の」という出発点が存在するからである。
(5) 数学の世界で可能な論理の絶対化は、現実世界では不可能な話であり、時と場合に応じて論理が修正される形で運用がなされている。

正答：(5)

解説：内容把握の問題である。問題文の中で、筆者の主張と思われる部分は、「一般の世の中の論理には、1と0は存在しません。絶対的に正しいことは存在しないし、絶対的な間違いも存在しない。真っ白も真っ黒も存在しない。」である。(この文章の前には、「ところが」という逆接語があり、注目すべき部分であることがわかる。)

(1) × 現実世界では「絶対的に正しいことは存在しないし、絶対的な間違いも存在しない」と述べている。
(2) × 「加減乗除様々な要素で計算されるべきである」とは述べていない。
(3) × 死刑制度の存続については述べていない。
(4) × 「一般の世の中の論理の前提に「自国の」という出発点が存在する」とは述べていない。
(5) ○ 「(一般の世の中の論理には)絶対的に正しいことは存在しないし、絶対的な間違いも存在しない」と述べている。

レッスン 11 長文読解（古文）

レッスンの Point　　重要度 ★★

長文読解（古文）では、口語訳のために、重要古語、重要文法事項を覚えよう。

長文読解（古文）に関する問題は、問題文の内容（下線部の意味、文章の主旨、作者の考えなど）が問われるものが出題されます。このため、古文は**口語訳（現代語訳）**ができるかどうかが、問題を解くカギとなります。口語訳を行うときに注意すべき事項は以下となります。

口語訳のためのポイント

❶ **重要古語が含まれているか**

古文では、**現代語と意味が異なる単語**、また、**文脈に応じて意味が異なる単語**などがあります。これらの重要古語を覚えましょう。

❷ **重要文法事項が含まれているか**

助動詞やその他の文法など、内容を理解するうえで重要となる文法を確認しましょう。

❸ **文脈から内容を把握する**

文脈に応じて意味が異なる単語の場合、前後の文脈から単語の意味を判断したりすることが求められます。また、「誰が、どうした」という関係や、指示語がある場合はそれが「何を指しているのか」を正しく捉え、文章全体（あらすじ）を把握することが重要です。

重要古語、重要文法を覚えたら、積極的に、演習問題や過去問題を解いてみましょう。

○単語

現代語と意味が異なる単語、文脈に応じて意味が異なる単語などがあります。

動詞

	古　語	意　味
☑	あそぶ	①詩歌や管弦などの楽しみをする。
☑	あふ	①結婚する。②出会う。③たち向かう。
☑	いらふ	①答える。返答する。
☑	うつる	①色あせる。②色や香りがしみつく。
☑	おくる	①遅れる。②（人に）先立たれる。③はなれる。
☑	おこたる	①怠ける。②（病気が）快方に向かう。
☑	おこなふ	①修行する。②とり行う。③処理する。
☑	おどろく	①はっと気づく。②目が覚める。
☑	かしづく	①大事に育てる。②大切に世話をする。
☑	ぐす	①連れて行く。②結婚する。
☑	たのむ	①頼りにする。あてにする。②信用する。信頼する。
☑	ながむ	①物思いにふける。②じっと遠くを見る。
☑	ながむ	①詩歌を吟じる。②詩歌などをつくる。
☑	にほふ	①色が美しく照り輝く。②かおる。③美しい色にそまる。④栄える。
☑	ののしる	①大声で騒ぐ。②評判となる。③勢力が盛んである。④口やかましく言う。
☑	まうく	①用意する。準備する。②拾い取る。③身に備える。④病気になる。

☑	みゆ	①見える。②会う。③見られる。④思われる。
☑	ものす	①〜をする。②ある。いる。③行く。来る。
☑	ゐる	①座る。②とどまる。③住む。

形容詞

	古　　語	意　　味
☑	あいなし	①おもしろみがない。②気にくわない。③むやみに。
☑	あさまし	①驚き、あきれるばかりだ。②情けない。
☑	あやし	①不思議だ。②見苦しい。③身分が低い。
☑	あらまほし	①理想的だ。②そうありたい。
☑	ありがたし	①めったにない。②尊い。
☑	いとほし	①気の毒だ。②困る。いやだ。③かわいい。
☑	うつくし	①かわいい。②愛らしい。③きれいだ。④優れている。
☑	おぼつかなし	①はっきりしない。②気がかりだ。③待ち遠しい。④心配だ。
☑	かなし	①（愛し）かわいい。②（悲し・哀し）かわいそうだ。心がいたむ。
☑	くちをし	①くやしい。残念だ。②つまらない。③卑しい。
☑	こころなし	①思慮分別がない。②思いやりがない。③趣を理解しない。
☑	こころにくし	①奥ゆかしい。心ひかれる。②いぶかしい。③警戒すべきである。
☑	すさまじ	①興ざめだ。おもしろくない。②さむざむとしている。
☑	はづかし	①立派だ。優れている。②気がひける。③気づまりだ。

	古語	意味
☑	むつかし	①不快である。②わずらわしい。③恐ろしい。
☑	めでたし	①すばらしい。立派だ。②心ひかれる。魅力的だ。
☑	めやすし	①見た目がよく、感じがよい。
☑	やむごとなし	①やむを得ない。②大切だ。格別だ。並並ではない。③高貴である。尊い。
☑	ゆかし	①見たい。聞きたい。知りたい。②心がひかれる。
☑	をかし	①趣がある。②かわいらしい。③すばらしい。

形容動詞

	古語	意味
☑	あからさまなり	①ほんのちょっと。かりに。②急に。
☑	あてなり	①高貴である。上品である。
☑	あはれなり	①しみじみと心うたれる。感慨深い。趣が深い。②いとしい。かわいい。③悲しい。気の毒だ。
☑	いたづらなり	①無駄である。役に立たない。②むなしい。はかない。③何もすることがない。
☑	おろかなり	①いいかげんだ。②言い尽くせない。③未熟だ。
☑	すずろなり	①何ということもない。②むやみに。③思いがけない。
☑	せちなり	①大切である。②一途(いちず)である。③すばらしい。
☑	つれづれなり	①手持ちぶさただ。②ひとり物思いに沈む。
☑	なのめなり	①いいかげんである。②平凡である。普通である。③格別である。
☑	なほざりなり	①いいかげんだ。おろそかだ。②ほどほどだ。

副詞

	古　語	意　味
☑	あまた	①たくさん。数多く。②非常に。とても。
☑	いつしか	①いつの間にか。②（願望の表現を伴って）早く。
☑	いとど	①ますます。②そのうえさらに。
☑	おのづから	①自然に。ひとりでに。②たまたま。偶然に。
☑	さらに	①改めて。②（下に打消しの語を伴って）決して。まったく。③その上に。重ねて。ますます。
☑	つゆ	①（下に打消しの語をともなって）少しも。いっこうに。
☑	なかなか	①なまじっか。②むしろ。かえって。
☑	なほ	①依然として。②いっそう。③それでもやはり。
☑	やがて	①そのまま。②ただちに。③すなわち。ほかならぬ。

名詞

	古　語	意　味
☑	うつつ	①現実。②正気。③夢心地。
☑	おこなひ	①仏道の修行。②行動。動作。
☑	および	①指。
☑	かげ	①光。②物の姿や形。③面影。
☑	かたち	①容貌。顔立ち。②物の姿、形。
☑	きは	①端。そば。②程度。③身分。家柄。④最後。
☑	気色(きしょく)	①顔色。表情。②気分。③意向。
☑	年頃(としごろ)	①長年。②年齢の程度。
☑	つとめて	①早朝。②翌朝。
☑	本意(ほい)	①かねてからの希望。②真意。

○文法など

助動詞

	助動詞	主な意味
	[過去]	
☐	き	〜た
☐	けり	〜た、〜そうだ
	[完了]	
☐	つ・ぬ	〜た、〜てしまった
☐	たり・り	〜た 存続（〜ている）
	[推量]	
☐	む〈ん〉・むず〈んず〉	〜う、〜だろう
☐	らむ〈らん〉	〜ているだろう（現在）
☐	けむ〈けん〉	〜ただろう（過去）
☐	べし	きっと〜だろう
☐	らし	〜らしい（推定）
☐	まし	もし〜だったら（反実仮想）
☐	めり	〜ようだ、ようにみえる
	[打消]	
☐	ず	〜ない
	[打消推量]	
☐	じ	〜ないだろう、〜まい
☐	まじ	きっと〜ないだろう

	助動詞	主な意味
	[伝聞・推定]	
☐	なり	伝聞（〜だそうだ） 推定（〜らしい）
	[断定]	
☐	なり	〜だ、〜である 存在（〜にいる、〜にある）
☐	たり	〜だ、〜である
	[受身・可能・尊敬・自発]	
☐	る・らる	受身（〜れる、〜られる） 可能（〜できる、〜られる） 尊敬（お〜になる、〜なさる、〜られる） 自発（自然に〜する）
	[使役・尊敬]	
☐	す・さす・しむ	使役（〜せる、〜させる） 尊敬（お〜になる、〜なさる、〜られる）
	[希望]	
☐	まほし・たし	〜たい、〜てほしい
	[比況]	
☐	ごとし	〜ようだ、〜と同じだ

その他　文法

	●副詞＋打消しの語
☐	え〜打消しの語（〜できない）
☐	さらに〜打消しの語（まったく〜ない）
☐	つゆ〜打消しの語（まったく〜ない）

- [ ] いと～打消しの語（それほど～ない）
- [ ] よも～じ（まさか～ないだろう）

（注）呼応する打消しの語は「ず・じ・まじ・で・なし」など

●重要な助詞

- [ ] (な) ～そ　禁止（～しないでくれ、～するな）※「な」は副詞
- [ ] ば　①仮定（～ならば）未然形に接続
　　　②原因・理由（～ので）已然形に接続
- [ ] もぞ・もこそ　将来を予測し危ぶむ気持ち（～すると困る）
- [ ] もがな　　　願望（～してほしい、～があればなあ）
- [ ] なむ　①願望（～してほしい）未然形に接続
　　　②強意

●会話部分の見分け方

【会話の始まり】

- [ ] (主語) いはく、～
- [ ] (主語) いふやう、～　　（主語が）言うには、「～

【会話の終わり】

- [ ] ～と、
- [ ] ～とて、　　～」と（言って、思って）

（注）主語は省略されている場合があります。
「～と、～とて」の前までの部分が絶対に会話だというわけではありません。
（～といって［引用］、～と思って）などと訳す場合もあります。

ここでチャレンジ！演習問題

No.1 次の文章の内容に合致しているものはどれか。

　四大種*¹のなかに、水火風は常に害をなせど、大地にいたりては、異なる変をなさず。昔、斉衡のころとか、大地震ふりて、東大寺の仏の御髪*²落ちなど、いみじき事ども侍りけれど、なほこのたびにはしかずとぞ。すなはちは人みなあぢきなき事*³を述べて、いささか心の濁りもうすらぐと見えしかど、月日かさなり、年経にし後は、ことばにかけて言ひ出づる人だになし。

（『方丈記』）

＊1　四大種：あらゆる物体を成り立たせている根本のもの
＊2　仏の御髪：仏頭
＊3　あぢきなき事：努力する意味がないこと

(1) 地震の直後、人々は物資を求め、欲望にまみれたように見えた。
(2) 月日がたち年数がたつと、防災の大切さを言う者もいなくなった。
(3) 昔、東大寺の仏頭が落ちるという滑稽な出来事があった。
(4) 水、火、風、大地の中で、大地が最も災いをなすと思われてきた。
(5) 今回の地震は、斉衡のころに起きた地震よりも規模が大きかった。

正答：(5)

[現代語訳]

　万物を構成する四つの大元素の中で、水、火、風は、いつも被害を起こすけれども、大地については、異変を起こさない。昔、斉衡（854〜857年）の頃とかに、大地震が起こって、東大寺の大仏の仏頭が落ちるなど、大変なことがありましたが、それでも、今度には及ばないということである。その時は、人はみな無益なことを言って、わずかばかり心の煩悩も薄らぐと思われたが、月日が重なり、年数がたった後は、言葉に出して言い出す人さえいない。

自衛隊一般曹候補生
合格テキスト

2章 数学

2章のレッスンの前に …………………………… 96
レッスン 01 文字式の計算　指数法則、分配法則、乗法公式 98
レッスン 02 文字式の計算　因数分解 …………… 102
レッスン 03 絶対値 ………………………………… 105
レッスン 04 平方根 ………………………………… 108
レッスン 05 対称式 ………………………………… 115
レッスン 06 連立方程式 …………………………… 119
レッスン 07 1次不等式 …………………………… 124
レッスン 08 絶対値を含む方程式・不等式 ……… 130
レッスン 09 連立方程式の文章題 ………………… 133
レッスン 10 2次関数のグラフ …………………… 138
レッスン 11 2次関数のグラフの読み取りとグラフの移動 143
レッスン 12 2次関数の決定 ……………………… 149
レッスン 13 2次関数の最大値・最小値 ………… 153
レッスン 14 2次方程式 …………………………… 157
レッスン 15 放物線と直線の位置関係 …………… 162
レッスン 16 2次不等式 …………………………… 165
レッスン 17 三角比 ………………………………… 168
レッスン 18 三角比の相互関係 …………………… 174
レッスン 19 正弦定理と余弦定理 ………………… 178
レッスン 20 面積と面積比 ………………………… 182
レッスン 21 体積と体積比、表面積 ……………… 188

2章のレッスンの前に

数学の試験では次のような内容が出題されます

　数学の試験では、多項式の計算、根号や絶対値を含む計算、2次方程式や不等式のほか、2次関数やさまざまな平面図形・立体図形についての問題、そして文章題が出題されます。

　とくに、2次関数と図形の問題が多数出題されますので、しっかりマスターしましょう。

各レッスン内容の概要

　本章では、数学試験の対策として、よく出題される項目をレッスンごとにまとめています。

レッスン01　文字式の計算　指数法則、分配法則、乗法公式
計算のための法則、公式の用い方を練習します。

レッスン02　文字式の計算　因数分解
因数分解の手順を覚えて、基本公式が使えるようにします。

レッスン03　絶対値
絶対値記号の外し方、計算の仕方を練習します。

レッスン04　平方根
平方根の計算ルールを覚え、分母の有理化や二重根号の一重化を練習します。

レッスン05　対称式
対称式を変形して解く練習をします。

レッスン06　連立方程式
加減法や代入法を使って、文字を消去して計算する練習をします。

レッスン07　1次不等式
不等号の向きに気をつけながら、連立不等式も解けるようにします。

レッスン08 絶対値を含む方程式・不等式
絶対値記号を外して、方程式や不等式を解く練習をします。

レッスン09 連立方程式の文章題
文章題を読んで、方程式をつくる練習をします。

レッスン10 2次関数のグラフ
2次関数を標準形に直して、頂点の座標を求める練習をします。

レッスン11 2次関数のグラフの読み取りとグラフの移動
接線の傾きや切片の位置を読み取り、対称移動や平行移動の際の式変形の手順を覚えます。

レッスン12 2次関数の決定
わかっている条件から、2次関数を求める練習をします。

レッスン13 2次関数の最大値・最小値
2次関数の最大値と最小値を求める練習をします。

レッスン14 2次方程式
2次方程式のさまざまな解法を練習します。解の判別式の使い方も覚えます。

レッスン15 放物線と直線の位置関係
2次方程式の解の判別式を使って、放物線と直線の位置関係を求める練習をします。

レッスン16 2次不等式
2次不等式の解き方を練習します。

レッスン17 三角比
三角比を使って文章題を解く練習をします。

レッスン18 三角比の相互関係
三角比の相互関係式の使い方を練習します。

レッスン19 正弦定理と余弦定理
正弦定理と余弦定理の使い方を覚えて、実際の問題に応用できるように練習します。

レッスン20 面積と面積比
面積公式を使って、さまざまな図形の面積を求める練習をします。

レッスン21 体積と体積比、表面積
さまざまな立体の体積と体積比を求める練習をします。

レッスン 01 文字式の計算
指数法則、分配法則、乗法公式

レッスンの Point　重要度 ★★☆

乗法・除法公式に数字・文字を当てはめて計算する。
指数法則、分配法則、乗法公式を覚えよう。

○ 単項式の乗法・除法

文字式の計算の基本として、まずは**単項式**の乗法と除法を学習します。

単項式とは、数字や文字のかけ算のみの式です。

⦿ 単項式同士の乗法・除法

① $3a^2b^3 \times 4a^3b^5$

② $\dfrac{3}{4}(x^2y)^2 \div \left(-\dfrac{1}{3}xy^2\right) \times \dfrac{1}{6}x^3y^4$

文字式の計算は、ほとんどが**多項式**同士の計算ですが、多項式の計算は単項式同士の計算をもとに行います。

多項式とは、$4x^2 + 10xy + (-6)y^2$ のように単項式の和で表された式です。

単項式同士の乗法・除法は、次に示す**指数法則**を用いて行います。

⊙ 指数法則

① $a^m \times a^n = a^{m+n}$
② $(a^m)^n = a^{mn}$
③ $(ab)^m = a^m b^m$
④ $(a^m b^n)^p = a^{mp} b^{np}$
⑤ $\dfrac{a^m}{a^n} = \begin{cases} a^{m-n} & (m > n \text{ のとき}) \\ \dfrac{1}{a^{n-m}} & (m < n \text{ のとき}) \end{cases}$

○ 分配法則と乗法公式

「単項式×多項式」「多項式×多項式」を計算するときは、原則として**分配法則**を用います。次に示す**乗法公式**を覚えていると、計算が速く正確にできるようになります。

⊙ 分配法則と乗法公式

分配法則

① $a(b+c) = ab + ac$
② $(a+b)c = ac + bc$
③ $(a+b)(c+d) = ac + ad + bc + bd$

乗法公式

① $(a+b)(a-b) = a^2 - b^2$
② $(a+b)^2 = a^2 + 2ab + b^2$
③ $(a-b)^2 = a^2 - 2ab + b^2$
④ $(a+b+c)^2 = a^2 + b^2 + c^2 + 2ab + 2bc + 2ca$
⑤ $(a+b)^3 = a^3 + 3a^2 b + 3ab^2 + b^3$

⑥ $(a-b)^3 = a^3 - 3a^2b + 3ab^2 - b^3$
⑦ $(a+b)(a^2 - ab + b^2) = a^3 + b^3$
⑧ $(a-b)(a^2 + ab + b^2) = a^3 - b^3$
⑨ $(x+a)(x+b) = x^2 + (a+b)x + ab$
⑩ $(ax+b)(cx+d) = acx^2 + (ad+bc)x + bd$

◯ 文字式の計算手順

　文字式の計算手順は、**指数法則**、**分配法則**、**乗法公式**などを用いて、まず式を展開し、その後に同類項（文字の部分が同じ項）をまとめます。

◉ 文字式の計算手順

$\left.\begin{array}{l}\text{指数法則}\\ \text{分配法則}\\ \text{乗法公式}\end{array}\right\}$ を用いて式を展開
　→ 同類項をまとめる

● ここでチャレンジ！演習問題 ●

No.1 $(x-y)(2x^2+2y^2)(x+y)$ を展開した式として、次のうち正しいのものはどれか。

(1) $x^4 + y^4$
(2) $2x^4 - 2x^3y + 4x^2 - 2xy^3 + 2y^4$
(3) $2x^4 + 2x^3y + 4x^2 + 2xy^3 + 2y^4$
(4) $2x^4 - 2y^4$
(5) $2x^4 + 2y^4$

正答：(4)

解説：乗法公式 $(a + b)(a - b) = a^2 - b^2$ を用いる。

$(x - y)(2x^2 + 2y^2)(x + y)$
$= 2(x^2 + y^2)(x - y)(x + y)$
$= 2(x^2 + y^2)(x^2 - y^2)$
$= 2(x^4 - y^4)$
$= 2x^4 - 2y^4$

No.2 $A = x - 5$、$B = 2x + 3$、$C = x^2 - 7x + 8$ のとき、$5C - A(B + A)$ を計算した式として、正しいものは次のうちどれか。

(1) $x^2 + 9x + 15$
(2) $2x^2 - 18x + 30$
(3) $x^2 - 26x + 25$
(4) $2x^2 - 52x + 50$
(5) $3x^2 - 17x + 10$

正答：(2)

解説：与式に代入して計算する。

$5C - A(B + A)$
$= 5(x^2 - 7x + 8) - (x - 5)\{(2x + 3) + (x - 5)\}$
$= 5x^2 - 35x + 40 - (x - 5)(3x - 2)$
$= 5x^2 - 35x + 40 - (3x^2 - 17x + 10)$
$= 2x^2 - 18x + 30$

乗法公式を用います。

文字式の計算 因数分解

レッスンのPoint 重要度 ★★☆

因数分解は、「式の展開」の逆の手順のこと。
まず式の変形の手順を覚えよう。

○因数分解は式の展開の逆

因数分解とは、レッスン01で学習した「式の展開」の逆の手順にあたる「式の変形」を指します。

$$(a+b)(a^2 - ab + b^2) = a^3 + b^3$$

因数分解

分配法則や乗法公式を用いて正確に式を展開し、その後、同類項をまとめていけば必ず正解にたどりつける式の展開と違い、式全体を積の形にしなければならない因数分解では、はじめからしっかりとした方針を立てないとすぐ行き詰まります。以下の失敗例と成功例を見てみましょう。

失敗例

$$x^2 - y^2 + 2y - 1$$
$$= (x+y)(x-y) + 2y - 1$$

成功例

$$x^2 - y^2 + 2y - 1$$
$$= x^2 - (y^2 - 2y + 1)$$
$$= x^2 - (y-1)^2$$
$$= (x+y-1)(x-y+1)$$

失敗例では、式の前半の x^2-y^2 に目がいき、とりあえず公式を用いてみましたが、すぐ止まってしまいます。

しかし、成功例ではまず後半を－（マイナス）でくくっています。これは後ろの3項をかっこでまとめると、$(y-1)^2$ になることをあらかじめ見抜いているからこそできることです。

このように因数分解においては、答えにたどりつく手順をある程度想定してから始めることが必要となります。

⊙ 共通因数でくくる

① $\underline{m}a + \underline{m}b = \underline{m}(a+b)$
② $\underline{n}a + \underline{n}b + \underline{n}c = \underline{n}(a+b+c)$
③ $\underline{(m+n)}a + \underline{(m+n)}b = \underline{(m+n)}(a+b)$

◯ 2次式の因数分解の基本公式

ここでは、まず2次式に関する因数分解の基本公式を覚えましょう。

⊙ 2次式の因数分解の基本公式

① $a^2 - b^2 = (a+b)(a-b)$
② $a^2 + 2ab + b^2 = (a+b)^2$
③ $a^2 - 2ab + b^2 = (a-b)^2$
④ $x^2 + (a+b)x + ab = (x+a)(x+b)$
⑤ $acx^2 + (ad+bc)x + bd = (ax+b)(cx+d)$

$$\begin{array}{ccc} a & \diagdown & b \to bc \\ c & \diagup & d \to \underline{ad} \\ & & \overline{ad+bc} \end{array}$$ （たすきがけ）

2次式の因数分解公式は、左辺の形を正しく覚えて、どの公式を使うのか判断できるようになりましょう！

それでは、因数分解の基本公式をふまえて、次の演習問題を解いてみましょう。

ここでチャレンジ！演習問題

No.1 $x^2 - 4y^2 + x - 14y - 12$ を因数分解した式として、次のうち正しいものはどれか。

(1) $(x - 4y + 4)(x + y - 3)$
(2) $(x - 2y + 4)(x + 2y - 3)$
(3) $(x - y + 6)(x + 4y - 2)$
(4) $(x - y - 3)(x + 4y + 4)$
(5) $(x + 2y + 4)(x - 2y - 3)$

正答：(5)

解説：たすきがけの因数分解公式を用いる。

$x^2 - 4y^2 + x - 14y - 12$
$= x^2 + x - 2(2y + 3)(y + 2)$

$\begin{array}{ccc} 1 & \diagdown & -(2y+3) \to -2y-3 \\ 1 & \diagup & 2(y+2) \to 2y+4 \\ \hline & & 1 \end{array}$ ｝たすきがけの公式を用います

$= \{x - (2y + 3)\}\{x + 2(y + 2)\}$
$= (x - 2y - 3)(x + 2y + 4)$
$= (x + 2y + 4)(x - 2y - 3)$

レッスン 03 絶対値

レッスンのPoint　重要度 ★★

絶対値の入った式の値を、絶対値を外して計算する。
絶対値は、常に正の値。

○絶対値の性質

数直線上で、原点0からある値までの距離を、「その数の絶対値」といいます。

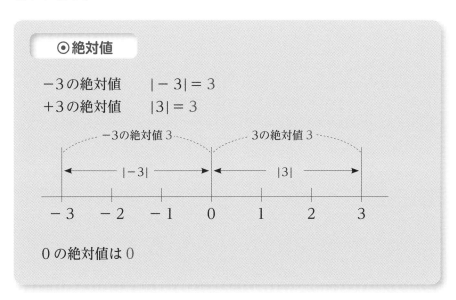

つまり、数直線上で原点0と実数aに対応する点との距離をaの絶対値とよび、$|a|$と表します。

ここで、絶対値記号を外したとき、$a \geqq 0$のときはa、$a < 0$のときは$-a$となります。

また、絶対値記号の中が正のときは、そのまま絶対値記号を外します。絶対値記号の中が負のときは、マイナスをかけて正に直して絶対値記号を外します。

⊙ 絶対値の性質

$$|a| = \begin{cases} a & (a \geq 0 \text{ のとき}) \\ -a & (a < 0 \text{ のとき}) \end{cases}$$

$$|a||b| = |ab|$$

$$\frac{|a|}{|b|} = \left|\frac{a}{b}\right|$$

$$|a|^2 = a^2$$

では、例題をもとに解法のポイントを見ていきます。

ここが重要ポイント　絶対値の中が正であるか負であるかに注意して、絶対値を外してから計算する。

例題1　次の式の値を求めよ。
$$|-1| + |2| - |-3|$$

解説

$-1 < 0$ なので、$|-1| = -(-1) = 1$

$2 \geq 0$ なので、$|2| = 2$

$-3 < 0$ なので、$|-3| = -(-3) = 3$

よって、

$|-1| + |2| - |-3| = 1 + 2 - 3 = 0$

正答　**0**

例題 2 次の式の値を求めよ。
$$|1-\sqrt{2}|+|1+\sqrt{2}|$$

解説

$\sqrt{2} \fallingdotseq 1.4\cdots$ であり、

$1-\sqrt{2} < 0$ なので、

$|1-\sqrt{2}| = -(1-\sqrt{2}) = -1+\sqrt{2}$

$1+\sqrt{2} \geqq 0$ なので、

$|1+\sqrt{2}| = 1+\sqrt{2}$

よって、

$|1-\sqrt{2}|+|1+\sqrt{2}| = -1+\sqrt{2}+1+\sqrt{2} = 2\sqrt{2}$

正答 $2\sqrt{2}$

平方根（$\sqrt{}$）については、次のレッスン4で詳しく解説します。

ここでチャレンジ！演習問題

No.1 $a=\sqrt{3}+1$ のとき、絶対値記号を用いた式 $|a-2|+|a-3|$ の値として、次のうち正しいものはどれか。

(1) 1　　(2) $\sqrt{3}$　　(3) 2　　(4) $2\sqrt{3}$　　(5) 4

正答：(1)

解説：式 $|a-2|+|a-3|$ に $a=\sqrt{3}+1$ を代入する。

$|a-2|+|a-3|$
$= |\sqrt{3}+1-2|+|\sqrt{3}+1-3|$
$= |\sqrt{3}-1|+|\sqrt{3}-2|$
$= (\sqrt{3}-1)+\{-(\sqrt{3}-2)\}$
$= \sqrt{3}-1-\sqrt{3}+2 = 1$

○ 平方根の計算

　正の数 a に対し、2乗すると a になる数を「a の**平方根**」とよび、正のほうを $\sqrt{a}$、負のほうを $-\sqrt{a}$ と表します。

　$2a + 3a = 5a$ のように、$2\sqrt{5} + 3\sqrt{5} = 5\sqrt{5}$ と、平方根も文字式と同様に扱い、計算することができます。

　また、$2a + 4b$ がこれ以上計算できないように、$2\sqrt{5} + 4\sqrt{7}$ もこれ以上は計算できません。ただし、$(\sqrt{5})^2 + (\sqrt{7})^2 = 5 + 7 = 12$ のように、根号は **2乗** すると数字になって計算できるようになったり、$\sqrt{8} + \sqrt{18} = 2\sqrt{2} + 3\sqrt{2} = 5\sqrt{2}$ のように、$\sqrt{}$ の中が違う数でも計算できる場合があったりします。

　ここで、文字式の計算との違いを確認しておきましょう。

平方根の計算と文字式の計算との違い

⊙ 平方根の計算

① $2\sqrt{5} + 3\sqrt{5} = 5\sqrt{5}$

② $2\sqrt{5} + 3\sqrt{7}$ →これ以上計算できない

③ $(\sqrt{5})^2 + (\sqrt{7})^2 = 5 + 7 = 12$

④ $\sqrt{5} + \sqrt{45} = \sqrt{5} + 3\sqrt{5} = 4\sqrt{5}$

◉ 文字式の計算

① $2a + 3a = 5a$
② $2a + 3b$ →これ以上計算できない
③ $a^2 + b^2$ →これ以上計算できない
④ $a + c$ →これ以上計算できない

文字式と違って平方根の式は、2乗して根号を外したり、根号の中の数をそろえることで、計算ができるようになります。

また、平方根の問題を解く前に、次の計算ルールを覚えておきましょう。

◉ 平方根の計算ルール

[$a > 0$、$b > 0$ のとき]

① $(\sqrt{a})^2 = \sqrt{a^2} = a$

(ただし、$a > 0$ かどうかわからないときは、$\sqrt{a^2} = |a|$ となる。)

② $\sqrt{a^2 b} = a\sqrt{b}$
③ $\sqrt{a}\sqrt{b} = \sqrt{ab}$
④ $\dfrac{\sqrt{a}}{\sqrt{b}} = \sqrt{\dfrac{a}{b}}$

それでは、次の例題で平方根の計算ルールを確認しましょう。

例題1 次の計算をしなさい。
$$\sqrt{12}(3\sqrt{2}-\sqrt{3})-(\sqrt{2}-\sqrt{3})^2$$

解説

$$\sqrt{12}(3\sqrt{2}-\sqrt{3})-(\sqrt{2}-\sqrt{3})^2$$
$$=2\sqrt{3}(3\sqrt{2}-\sqrt{3})-\{(\sqrt{2})^2-2\sqrt{2}\sqrt{3}+(\sqrt{3})^2\}$$
$$=6\sqrt{6}-2(\sqrt{3})^2-(2-2\sqrt{6}+3)$$
$$=6\sqrt{6}-6-5+2\sqrt{6}$$
$$=8\sqrt{6}-11$$

正答 $8\sqrt{6}-11$

分配法則や乗法公式を用いて、途中まで文字式と同様に計算します。

○分母の有理化

分数で、分母の根号（√ ̄）を消すことを「**分母の有理化**」といいます。
分母の根号（√ ̄）を消す場合、次のように分母、分子それぞれ同じ式をかけて行います。

> ⦿ **分母の有理化**
>
> ① $\dfrac{1}{\sqrt{a}} = \dfrac{\sqrt{a}}{a}$
>
> ② $\dfrac{1}{\sqrt{a}\pm\sqrt{b}} = \dfrac{\sqrt{a}\mp\sqrt{b}}{a-b}$ （複号同順）

分母の形により、分母、分子にかけるものが異なります。分母の形に注意して判断しましょう。
では、次の例題で分母の有理化の方法を確認しましょう。

例題 2 次の数の分母を有理化しなさい。
$$\frac{\sqrt{5}-\sqrt{3}}{\sqrt{5}+\sqrt{3}}$$

解説

$$\frac{\sqrt{5}-\sqrt{3}}{\sqrt{5}+\sqrt{3}} = \frac{\sqrt{5}-\sqrt{3}}{\sqrt{5}+\sqrt{3}} \times \frac{\sqrt{5}-\sqrt{3}}{\sqrt{5}-\sqrt{3}}$$

$$= \frac{(\sqrt{5}-\sqrt{3})^2}{(\sqrt{5})^2-(\sqrt{3})^2}$$

$$= \frac{(\sqrt{5})^2-2\sqrt{5}\sqrt{3}+(\sqrt{3})^2}{5-3}$$

$$= \frac{5-2\sqrt{15}+3}{2}$$

$$= \frac{8-2\sqrt{15}}{2}$$

$$= 4-\sqrt{15}$$

正答 $4-\sqrt{15}$

> **ここが重要ポイント**
> 分母に根号（√ ）が含まれているときは有理化して、まず分母の根号を消す。

◯二重根号の一重化

二重根号を一重化するには、たして二重根号の**外**の数、かけて二重根号の**中**の数となる2つの自然数 a、b をみつけていきます。

> **◉二重根号の一重化のルール**
> ① $\sqrt{a+b+2\sqrt{ab}} = \sqrt{a} + \sqrt{b}$ （$a>0$, $b>0$ のとき）

② $\sqrt{a+b-2\sqrt{ab}} = \sqrt{a} - \sqrt{b}$ ($a > b > 0$ のとき)

上のルールが使えないときは、**分数**にして条件を整える。

では、例題を解きながら二重根号の一重化をマスターしましょう。

例題 3 次の二重根号を外しなさい。
$$\sqrt{6-2\sqrt{5}}$$

解説

$a + b = 6$、$ab = 5$ をみたす自然数 a、b ($a > b > 0$) は、
$a = 5$、$b = 1$、
よって、
$\sqrt{6-2\sqrt{5}} = \sqrt{5+1-2\sqrt{5}} = \sqrt{5} - \sqrt{1} = \sqrt{5} - 1$

正答 $\sqrt{5} - 1$

たして二重根号の外の数、かけて二重根号の中の数となる2つの自然数 a、b をみつけましょう。

例題 4 次の二重根号を外しなさい。
$$\sqrt{2+\sqrt{3}}$$

解説

まず、分数にし、分子を整える。
$$\sqrt{2+\sqrt{3}} = \sqrt{\frac{4+2\sqrt{3}}{2}} = \frac{\sqrt{4+2\sqrt{3}}}{\sqrt{2}}$$

ここで、分子について、$a + b = 4$、$ab = 3$ をみたす自然数 a、b ($a > b > 0$) は、
$a = 3$、$b = 1$
よって、

$$\frac{\sqrt{4+2\sqrt{3}}}{\sqrt{2}} = \frac{\sqrt{3+1+2\sqrt{3\times 1}}}{\sqrt{2}} = \frac{\sqrt{3}+\sqrt{1}}{\sqrt{2}} = \frac{\sqrt{6}+\sqrt{2}}{2}$$

正答　$\dfrac{\sqrt{6}+\sqrt{2}}{2}$

ここでチャレンジ！演習問題

No.1 $x = \dfrac{1}{\sqrt{3}-\sqrt{2}}$, $y = \dfrac{1}{\sqrt{3}+\sqrt{2}}$ のとき、

$x^2 + y^2$ の値として、次のうち正しいものはどれか。

(1) 9　　(2) 10　　(3) 11　　(4) 12　　(5) 13

正答：(2)

解説：$x = \dfrac{1}{\sqrt{3}-\sqrt{2}} = \dfrac{\sqrt{3}+\sqrt{2}}{(\sqrt{3}-\sqrt{2})(\sqrt{3}+\sqrt{2})}$

$\qquad\qquad = \dfrac{\sqrt{3}+\sqrt{2}}{3-2} = \sqrt{3}+\sqrt{2}$

$\quad y = \dfrac{1}{\sqrt{3}+\sqrt{2}} = \dfrac{\sqrt{3}-\sqrt{2}}{(\sqrt{3}+\sqrt{2})(\sqrt{3}-\sqrt{2})}$

$\qquad\qquad = \dfrac{\sqrt{3}-\sqrt{2}}{3-2} = \sqrt{3}-\sqrt{2}$

$x+y = (\sqrt{3}+\sqrt{2}) + (\sqrt{3}-\sqrt{2}) = 2\sqrt{3}$

$xy = (\sqrt{3}+\sqrt{2})(\sqrt{3}-\sqrt{2}) = 3-2 = 1$

よって、

$x^2 + y^2 = (2\sqrt{3})^2 - 2\times 1 = 12 - 2 = 10$

変形公式 $a^2 + b^2 = (a+b)^2 - 2ab$ を利用します。

No.2 $\sqrt{6+3\sqrt{3}}$ の二重根号をはずしたときの値として、次のうち正しいものはどれか。

(1) $\dfrac{\sqrt{6}-\sqrt{2}}{2}$ 　　(2) $\dfrac{\sqrt{3}+\sqrt{2}}{2}$

(3) $2+\sqrt{3}$ 　　(4) $3+\sqrt{3}$ 　　(5) $\dfrac{3\sqrt{2}+\sqrt{6}}{2}$

正答：(5)

解説： $\sqrt{6+3\sqrt{3}} = \sqrt{3(2+\sqrt{3})}$

$= \sqrt{3} \times \sqrt{\dfrac{4+2\sqrt{3}}{2}}$ 　　分数にして条件を整える

$= \sqrt{3} \times \dfrac{\sqrt{4+2\sqrt{3}}}{\sqrt{2}}$

$= \sqrt{3} \times \dfrac{\sqrt{3+1+2\sqrt{3\times1}}}{\sqrt{2}}$

$= \sqrt{3} \times \dfrac{\sqrt{3}+\sqrt{1}}{\sqrt{2}}$

$= \dfrac{3+\sqrt{3}}{\sqrt{2}}$

$= \dfrac{\sqrt{2}(3+\sqrt{3})}{2}$

$= \dfrac{3\sqrt{2}+\sqrt{6}}{2}$

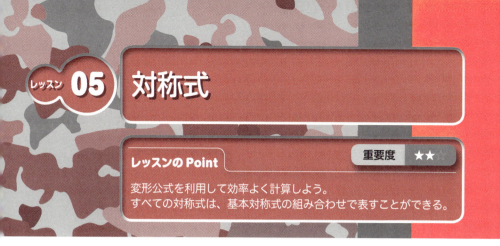

○対称式と基本対称式

　文字を入れ替えても同じ式になる式のことを**対称式**とよびます。たとえば「$a+b$」の a と b を入れ替えると「$b+a$」になりますが、これは「$a+b$」と同じです。

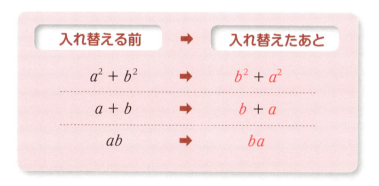

　これら3つの式は、すべて対称式です。すべての対称式の基になる式という意味で、$a+b$、ab を**基本対称式**といいます。すべての対称式は、**基本対称式**の組み合わせで表すことができます。
　では、問題を解く前に、変形公式を覚えておきましょう。

⦿ 変形公式

① $a^2 + b^2 = (a+b)^2 - 2ab$
② $a^3 + b^3 = (a+b)^3 - 3ab(a+b)$
③ $(a-b)^2 = (a+b)^2 - 4ab$

また、①において、$a = x$、$b = \dfrac{1}{x}$ とおくと、

④ $x^2 + \dfrac{1}{x^2} = \left(x + \dfrac{1}{x}\right)^2 - 2$

③をさらに変形すると、

⑤ $ab = \dfrac{1}{4}\left\{(a+b)^2 - (a-b)^2\right\}$

ここで、次の例題を解きながら、変形公式を使ってみましょう。

例題 1 $x = \dfrac{\sqrt{2}-1}{\sqrt{2}+1}$、$y = \dfrac{\sqrt{2}+1}{\sqrt{2}-1}$ のとき、$x^2 + y^2$ の値を求めよ。

解説

$x + y$

$= \dfrac{\sqrt{2}-1}{\sqrt{2}+1} + \dfrac{\sqrt{2}+1}{\sqrt{2}-1}$

$= \dfrac{(\sqrt{2}-1)^2 + (\sqrt{2}+1)^2}{(\sqrt{2}+1)(\sqrt{2}-1)}$ ← 変形公式①を用いる

$= \dfrac{\{(\sqrt{2}-1) + (\sqrt{2}+1)\}^2 - 2(\sqrt{2}-1)(\sqrt{2}+1)}{(\sqrt{2}+1)(\sqrt{2}-1)}$

$= \dfrac{(2\sqrt{2})^2 - 2(2-1)}{2-1}$

$= 8 - 2 = 6$

$$xy$$
$$= \frac{\sqrt{2}-1}{\sqrt{2}+1} \times \frac{\sqrt{2}+1}{\sqrt{2}-1}$$
$$= \frac{2-1}{2-1} = 1$$

よって、求める式の値は、
$$x^2 + y^2$$
$$= (x+y)^2 - 2xy \quad)\text{変形公式①を用いる}$$
$$= 6^2 - 2 \times 1$$
$$= 36 - 2 = 34$$

正答　34

例題 2　$x = 2+\sqrt{3}$ のとき、$x^2 + \dfrac{1}{x^2}$ の値を求めよ。

解説

$$x + \frac{1}{x}$$
$$= 2+\sqrt{3} + \frac{1}{2+\sqrt{3}}$$
$$= 2+\sqrt{3} + \frac{2-\sqrt{3}}{(2+\sqrt{3})(2-\sqrt{3})}$$
$$= 2+\sqrt{3} + \frac{2-\sqrt{3}}{4-3}$$
$$= 2+\sqrt{3} + 2-\sqrt{3} = 4$$

よって、求める式の値は、
$$x^2 + \frac{1}{x^2} = \left(x + \frac{1}{x}\right)^2 - 2 \quad)\text{変形公式④を用いる}$$
$$= 4^2 - 2 = 16 - 2 = 14$$

正答　14

例題 3 $a+b=5$、$ab=2$ のとき、$a-b$ の値を求めよ。

解説

$(a-b)^2 = (a+b)^2 - 4ab$) 変形公式③を用いる
$ = 5^2 - 4 \times 2$
$ = 25 - 8 = 17$

よって、求める式の値は、

$a-b = \pm\sqrt{17}$

正答　$\pm\sqrt{17}$

ここでチャレンジ！演習問題

No.1 $a = \dfrac{1}{\sqrt{2}+1}$ であるとき、$a^2 + \dfrac{1}{a^2}$ を計算した値として、次のうち正しいものはどれか。

(1) 0　　(2) $2\sqrt{2}$　　(3) 4　　(4) 6　　(5) $4\sqrt{2}+2$

正答：(4)

解説：$a = \dfrac{1}{\sqrt{2}+1}$

$ = \dfrac{\sqrt{2}-1}{(\sqrt{2}+1)(\sqrt{2}-1)} = \dfrac{\sqrt{2}-1}{2-1} = \sqrt{2}-1$

$\dfrac{1}{a} = \sqrt{2}+1$ より、

$a + \dfrac{1}{a} = (\sqrt{2}-1) + (\sqrt{2}+1) = 2\sqrt{2}$

よって、

$a^2 + \dfrac{1}{a^2} = \left(a + \dfrac{1}{a}\right)^2 - 2$

$\phantom{a^2 + \dfrac{1}{a^2}} = (2\sqrt{2})^2 - 2 = 8 - 2 = 6$

レッスン 06 連立方程式

レッスンの Point　重要度 ★★☆

連立方程式とは、未知数が複数ある方程式。
加減法と代入法を習得しよう。

○連立方程式の解法

連立方程式とは、**未知数が複数ある方程式**のことです。ここでは、まず未知数が 2 種類で次数が 1 次のもので学習していきます。

⊙連立方程式

(例)
$$\begin{cases} 3x + 2y = 1 \\ 4x - 3y = 7 \end{cases} \quad \begin{cases} 3x + 2y = 1 \\ y = 2x - 3 \end{cases}$$

$$\begin{cases} \dfrac{a}{3} - b + \dfrac{1}{2} = 1 \\ 0.3a - b = 2 \end{cases}$$

$$a + b = 3a - b + 1 = 2a + 3b$$

※文字が 2 種類で次数が 1 次のもの

連立方程式は、1 つの文字を消去することで 1 次方程式に直すことができます。次数が 1 次の連立方程式において、1 つの文字を消去するには、次のように「加減法」と「代入法」という方法があります。どちらがよいかは、2 つの式の形で判断しましょう。

> **⊙ 連立方程式の 1 文字消去**
>
> $\begin{cases} ax + by = c \\ dx - ey = f \end{cases}$ ➡ [加減法]
>
> $\begin{cases} ax + by = c \\ y = dx + e \end{cases}$ または $\begin{cases} ax + by = c \\ x = dy + e \end{cases}$ の形 ➡ [代入法]

では、さっそく次の例題を解いてみましょう。

例題 1 次の連立方程式を解きなさい。
$$\begin{cases} 0.3x - 1.4y = -3.4 \\ \dfrac{x-1}{3} - \dfrac{y+2}{4} = -2 \end{cases}$$

解説

$\begin{cases} 0.3x - 1.4y = -3.4 \quad \cdots\cdots ① \\ \dfrac{x-1}{3} - \dfrac{y+2}{4} = -2 \quad \cdots\cdots ② \end{cases}$

①×10 より、)係数の小数を整数にする

$3x - 14y = -34 \quad \cdots\cdots ③$

②×12 より、)分母をはらう

$\dfrac{x-1}{3} \times 12 - \dfrac{y+2}{4} \times 12 = -2 \times 12$

$4x - 4 - 3y - 6 = -24$

$4x - 3y = -24 + 4 + 6$

$4x - 3y = -14 \quad \cdots\cdots ④$

③×4 －④×3 より、 ）加減法を用いる

$$12x - 56y = -136$$
$$-\underline{)12x - 9y = -42}$$
$$-47y = -94$$
$$y = 2$$

③へ代入すると、 ）代入法を用いる

$$3x - 28 = -34$$
$$3x = -34 + 28$$
$$3x = -6$$
$$x = -2$$

正答 $\begin{cases} x = -2 \\ y = 2 \end{cases}$

小数や分数がまじった連立方程式は、小数を整数にしたり、分母をはらったりして、きれいな形に直しましょう。

例題2 次の連立方程式を解きなさい。

$$\begin{cases} \dfrac{x}{5} - y = \dfrac{y-1}{3} \\ 2(x-y) - 3(y+1) = 2 \end{cases}$$

解説

$$\begin{cases} \dfrac{x}{5} - y = \dfrac{y-1}{3} & \cdots\cdots ① \\ 2(x-y) - 3(y+1) = 2 & \cdots\cdots ② \end{cases}$$

①×15より、 ）分母をはらう

$$\dfrac{x}{5} \times 15 - y \times 15 = \dfrac{y-1}{3} \times 15$$
$$3x - 15y = 5y - 5$$
$$3x - 15y - 5y = -5$$
$$3x - 20y = -5 \quad \cdots\cdots ③$$

②より、

$2x - 2y - 3y - 3 = 2$) 分配法則を用いる

$2x - 5y = 2 + 3$) 移項する

$2x - 5y = 5$ ……④

③×2 −④×3 より、) 加減法を用いる

$$
\begin{array}{r}
6x - 40y = -10 \\
-)\ 6x - 15y = 15 \\
\hline
-25y = -25 \\
y = 1
\end{array}
$$

③へ代入すると、) 代入法を用いる

$3x - 20 = -5$

$3x = -5 + 20$

$3x = 15$

$x = 5$

正答 $\begin{cases} x = 5 \\ y = 1 \end{cases}$

式が複雑な一般の連立方程式は、各式の**分母**をはらったり、**移項**したりして、

$\begin{cases} ax + by = c \\ dx - ey = f \end{cases}$ の形に直して解く！

ここでチャレンジ！演習問題

No.1 x に関する2つの多項式 A、B について、2つの等式

$$A + B = 4x + 3 \qquad A - B = 2x - 5$$

が成り立っている。AB を表す式として、次のうち正しいものはどれか。

(1) $10x^2 + 2x + 17$
(2) $x^2 + 8x + 16$
(3) $9x^2 + 6x + 1$
(4) $3x^2 + 11x - 4$
(5) $8x^2 - 14x - 15$

正答：(4)

解説：加減法と代入法を用いる。

$A + B = 4x + 3$ ……①
$A - B = 2x - 5$ ……②

とおくと、(①+②)÷2 より、

$A = 3x - 1$

これを①に代入して、

$3x - 1 + B = 4x + 3$
$B = x + 4$

よって、

$AB = (3x - 1)(x + 4) = 3x^2 + 11x - 4$

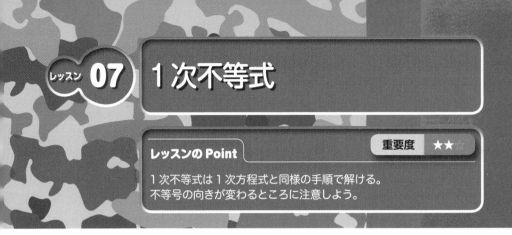

レッスンの Point

重要度 ★★

1次不等式は1次方程式と同様の手順で解ける。
不等号の向きが変わるところに注意しよう。

○不等式の解法

　1次不等式は、1次方程式と同様の手順で解くことができます。不等式の両辺を負の数でわったとき、不等号の向きが変わるところに注意しましょう。

⊙ 1次不等式

(例)
$$2x - 1 > 5$$
$$2x > 5 + 1 \quad \}-1を移項する$$
$$2x > 6$$
$$x > 3 \quad \}両辺を3でわる$$

$$-3x - 1 > 5$$
$$-3x > 5 + 1 \quad \}-1を移項する$$
$$-3x > 6 \quad \}両辺を-3でわる$$
$$x < -2 \quad \ 不等号の向きが変わるところに注意$$

- **移項**したとき（不等号をこえたとき）「＋」「－」が変わる。
  - ＋ ➡ －
  - － ➡ ＋
- －１や－２など、**マイナス**の数で両辺をわったとき、不等号の向きが変わる。
  - ＞ ➡ ＜
  - ＜ ➡ ＞

以上より、

$$ax + b > 0 \Rightarrow ax > -b$$

$$\begin{cases} a > 0 \text{のとき} \quad x > -\dfrac{b}{a} \\ a < 0 \text{のとき} \quad x < -\dfrac{b}{a} \end{cases}$$

では、次の例題を解いてみましょう。

例題 1　次の不等式を解きなさい。
$$2(x-3) - 4(x+1) > 3x - 1$$

解説

$2(x-3) - 4(x+1) > 3x - 1$

$2x - 6 - 4x - 4 > 3x - 1$

$2x - 4x - 3x > -1 + 6 + 4$

$-5x > 9$

$x < -\dfrac{9}{5}$　両辺を－５でわったので不等号の向きが変わる

正答　$x < -\dfrac{9}{5}$

例題 2 次の不等式を解きなさい。

$$\frac{x-1}{2} - \frac{2x+1}{3} \geqq \frac{x}{4}$$

解説

$$\frac{x-1}{2} - \frac{2x+1}{3} \geqq \frac{x}{4}$$

$$\frac{x-1}{2} \times 12 - \frac{2x+1}{3} \times 12 \geqq \frac{x}{4} \times 12$$ 分母をはらうために両辺に 12 をかける

$$6x - 6 - 8x - 4 \geqq 3x$$

$$6x - 8x - 3x \geqq 6 + 4$$

$$-5x \geqq 10$$

$$x \leqq -2$$ 両辺を－5でわったので不等号の向きが変わる

正答 $x \leqq -2$

小数や分数がまじった不等式は、小数を整数にしたり、分母をはらったりして、きれいな形に直しましょう。

⦿ 1 次不等式のルール

$a > b$ かつ $c > d$ のとき

① $a + c > b + d$

② $a - d > b - c$

$a > b > 0$ かつ $c > d > 0$ のとき

③ $ac > bd$

④ $\dfrac{a}{d} > \dfrac{b}{c}$

○連立不等式の解法

　連立不等式の解は、いくつかの不等式を**すべて満たす範囲**のことなので、数直線でどの不等式の解にも含まれる範囲を調べることが必要となります。

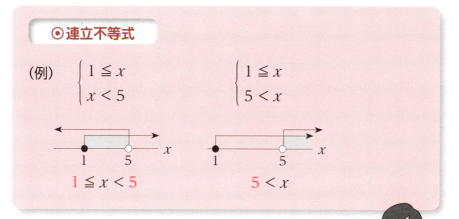

与えられたすべての不等式を解き、どの不等式の解の集合にも含まれる範囲を求める。

　連立不等式の解を調べるときには、**必ず数直線**をかいて考えるようにしましょう。また、範囲の端が含まれる（●）のか、含まれない（○）のかを常に確認しましょう。

　では、次の連立不等式の例題を解いてみましょう。

例題 3　次の連立不等式を解きなさい。

$$\begin{cases} 3(2x-1)-2 > x+5 \\ \dfrac{x+1}{3} - \dfrac{x-1}{2} \geqq \dfrac{1}{6} \end{cases}$$

解説

$$\begin{cases} 3(2x-1)-2 > x+5 \\ \dfrac{x+1}{3} - \dfrac{x-1}{2} \geqq \dfrac{1}{6} \end{cases}$$

$3(2x-1)-2 > x+5$
$6x-3-2 > x+5$
$6x-x > 5+3+2$
$5x > 10$
$x > 2$ ……①

$\dfrac{x+1}{3} - \dfrac{x-1}{2} \geqq \dfrac{1}{6}$

$\dfrac{x+1}{3} \times 6 - \dfrac{x-1}{2} \times 6 \geqq \dfrac{1}{6} \times 6$ 〉分母をはらうために両辺に6をかける

$2x+2-3x+3 \geqq 1$
$2x-3x \geqq 1-2-3$
$-x \geqq -4$ 〉両辺を−1でわったので不等号の向きが変わる
$x \leqq 4$ ……②

①、②より、求める範囲は、
$2 < x \leqq 4$

正答 $2 < x \leqq 4$

必ず数直線で確認しよう。範囲の端が含まれる（●）のか、含まれない（○）のかを常に確認しましょう。

ここでチャレンジ！演習問題

No.1 下の連立不等式の解として、次のうち正しいものはどれか。

$$\begin{cases} 4(x+3) \geqq -3(x+1) \\ 2(2x+3) \geqq 5(x-2) \end{cases}$$

(1) $-\dfrac{15}{7} \leqq x \leqq 16$　　(2) $x \geqq 16$　　(3) $x \leqq 16$

(4) $x \geqq -\dfrac{15}{7}$　　(5) $x \leqq -\dfrac{15}{7}$

正答：(1)

解説：$4(x+3) \geqq -3(x+1)$ …… ①
$2(2x+3) \geqq 5(x-2)$ …… ②
とする。

①より、

$4x + 12 \geqq -3x - 3$
$4x + 3x \geqq -3 - 12$ 〉移項する
$7x \geqq -15$
$x \geqq -\dfrac{15}{7}$

②より、

$4x + 6 \geqq 5x - 10$
$4x - 5x \geqq -10 - 6$ 〉移項する
$-x \geqq -16$
$x \leqq 16$ 〉両辺を-1でわったので不等号の向きが変わる

①、②を同時に満たす x の範囲は、

$-\dfrac{15}{7} \leqq x \leqq 16$

レッスン 08 絶対値を含む方程式・不等式

レッスンの Point　重要度 ★★★

絶対値を含む方程式・不等式の解法を覚えよう。
不等式では、不等号の向きが変わるところに注意しよう。

○絶対値を含む方程式・不等式の解法

　絶対値を含む方程式・不等式は、方程式、不等式と同様の手順で解くことができます。連立不等式の両辺を**負の数**でわったとき、不等号の向きが変わるところに注意しましょう。

> **⊙ 絶対値を含む方程式・不等式**
>
> $a > 0$ のとき
> 　$|x| = a$　の解は　$x = \pm a$
> 　$|x| < a$　の解は　$-a < x < a$
> 　$|x| > a$　の解は　$x < -a$、$a < x$

　では、次の例題を解いてみましょう。

まずは、絶対値を含む1次方程式と1次不等式を解いて、絶対値記号を外す練習をしましょう。

例題 1

次の絶対値記号を用いた不等式を解きなさい。
$$|x+2| < 1$$

解説

$|x+2| < 1$ より、
$$-1 < x+2 < 1$$
$$-1-2 < x < 1-2$$
$$-3 < x < -1$$

正答　$-3 < x < -1$

例題 2

次の絶対値記号を用いた不等式を解きなさい。
$$|x-3| > 4$$

解説

$|x-3| > 4$ より、
$$x-3 < -4,\ 4 < x-3$$
$$x < -4+3,\ 4+3 < x$$
$$x < -1,\ 7 < x$$

正答　$x < -1,\ 7 < x$

例題 3

絶対値記号を用いた次の2つの式を同時に満たす x の値を求めなさい。
$$|2x-1| = 3 \quad |3x+1| = 2$$

解説

$|2x-1| = 3$ の解は、
$$2x-1 = \pm 3$$
$$2x = 1 \pm 3$$
$$2x = 4,\ -2$$
$$x = 2,\ -1$$

$|3x+1| = 2$ の解は、
$$3x+1 = \pm 2$$
$$3x = -1 \pm 2$$
$$3x = 1,\ -3$$

$x = \dfrac{1}{3}, -1$

よって、同時に満たす x の値は、$x = -1$

正答　$x = -1$

ここでチャレンジ！演習問題

No.1 絶対値記号を用いた次の2つの式AとBを同時に満たす x の値として、次のうち正しいものはどれか。

A　$|2x - 3| = 5$　　　B　$|3x - 8| = 4$

(1) -4　　(2) -1　　(3) 1　　(4) $\dfrac{4}{3}$　　(5) 4

正答：(5)

解説：Aの解は、

$|2x - 3| = 5$
$2x - 3 = \pm 5$
$2x = 3 \pm 5$
$2x = 8, -2$
$x = 4, -1$

Bの解は、

$|3x - 8| = 4$
$3x - 8 = \pm 4$
$3x = 8 \pm 4$
$3x = 12, 4$
$x = 4, \dfrac{4}{3}$

よって、同時に満たす x の値は、

$x = 4$

レッスン09 連立方程式の文章題

レッスンのPoint

文章題で、x、yを用いて与えられた条件を式に表していく。
いかに未知数を連立方程式にするのかがカギ。

重要度 ★★★

○連立方程式の文章題

連立方程式とは、**未知数**が複数ある方程式のことで、ここでは未知数が2種類で次数が1次のものを学習します。

連立方程式は、**文章題**を考えるときに非常に役に立ちます。複雑な1次方程式をつくるよりも、未知数を2種類用いて連立方程式をつくるほうが簡単な場合があります。

> 時間や重さなど、いろいろな量をx、yを使って表すとわかりやすくなります。

では次の例題で、連立方程式のつくり方を考えてみましょう。

例題1 Aさんが果物屋で1個170円のりんごと1個90円のみかんをあわせて14個買い、100円のかごに入れてもらったらちょうど2,000円になった。このとき、りんごとみかんは、それぞれ何個買ったのか。

解説

買ったりんごをx個、みかんをy個とする。
あわせて14個より、
　　$x + y = 14$　……①　) 個数で式をつくる

133

ちょうど 2,000 円より、
$$170x + 90y + 100 = 2000 \quad \cdots\cdots ②$$
値段で式をつくる

②より、
$$170x + 90y = 2000 - 100$$
移項する
$$170x + 90y = 1900 \quad \cdots\cdots ③$$

（①×17）−（③÷10） より、
$$\begin{array}{r} 17x + 17y = 238 \\ -)\ 17x + 9y = 190 \\ \hline 8y = 48 \end{array}$$
x を消去する

$$y = 6 \quad \cdots\cdots ④$$

④を①へ代入すると、
$$x + 6 = 14$$
$$x = 8$$

正答 りんご 8 個、みかん 6 個

例題 2 3％の食塩水と 6％の食塩水をそれぞれ何 g ずつ混ぜれば、5％の食塩水 300g になるか。

解説

3％の食塩水を xg、6％の食塩水を yg とする。

濃度	3％	6％	5％
食塩水の量	xg	yg	300g
含まれる食塩の量	$x \times \dfrac{3}{100}$ g	$y \times \dfrac{6}{100}$ g	$300 \times \dfrac{5}{100}$ g

含まれる食塩の量＝食塩水の量×濃度

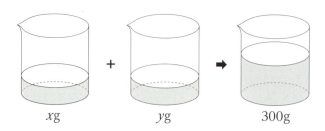

xg ＋ yg → 300g

食塩の量から、

$x + y = 300$ ……①

含まれる食塩の量から、

$\dfrac{3}{100}x + \dfrac{6}{100}y = 15$ ……②

①×3 − ②×100 より、

$$\begin{array}{r}3x + 3y = 900 \\ -\underline{)\;3x + 6y = 1500\;} \\ -3y = -600 \\ y = 200 \quad\cdots\cdots③\end{array}$$

③を①へ代入すると、

$x + 200 = 300$

$x = 100$

正答　3％の食塩水 100g、6％の食塩水 200g

表をつくるとわかりやすくなります。

ここが重要ポイント

よく出題される事柄として次のものがある。
（道のり）＝（速さ）×（時間）

（濃度(％)）＝ $\dfrac{(溶質の量)}{(溶液の量)} \times 100$

ここでチャレンジ！演習問題

No.1 AとBの2種類の食塩水がある。A：B＝5：1の割合で混ぜ合わせると濃度5％、A：B＝1：5の割合で混ぜ合わせると濃度7％の食塩水が得られる。このとき、Bの濃度として、次のうち正しいものはどれか。

(1) 3.5％　　(2) 4.5％　　(3) 5.5％　　(4) 6.5％　　(5) 7.5％

正答：(5)

解説：食塩水A、Bの濃度をそれぞれa％、b％とすると、100g中の食塩の量はそれぞれag、bgとなる。

A：B＝5：1のとき、Aを500g、Bを100gとして、

$$\frac{5a+b}{500+100} \times 100 = 5 \text{ より、}$$

$$5a + b = 30 \quad \cdots\cdots ①$$

A：B＝1：5のとき、Aを100g、Bを500gとして、

$$\frac{a+5b}{100+500} \times 100 = 7 \text{ より、}$$

$$a + 5b = 42 \quad \cdots\cdots ②$$

②×5 －①より、

$$(a + 5b) \times 5 - (5a + b) = 42 \times 5 - 30$$

$$24b = 180$$

$$b = 7.5 \, (\%)$$

No.2 父母と長男と次男の4人家族がいる。現在、父母の年齢の和と子どもの年齢の和の比は19：4であるが、2年後には4：1になるという。子どもの年齢の差が6歳とすると、現在の長男の年齢として、正しいものは次のうちどれか。
(1) 10歳　(2) 11歳　(3) 12歳　(4) 13歳　(5) 14歳

正答：(2)
解説：求める長男の現在の年齢を x 歳とすると、6歳下の次男は $x-6$ 歳となる。また、父母の年齢の和を y 歳とおく。

現在の比から、
$$y:\{x+(x-6)\} = 19:4$$
$$19(2x-6) = 4y$$
$$19(2x-6) \div 2 = 4y \div 2$$
$$19x - 2y = 57 \quad \cdots\cdots ①$$

2年後、長男は $x+2$ 歳、次男は $(x-6)+2 = x-4$ 歳、父母の年齢の和は $y+2+2 = y+4$ 歳なので、比から、
$$(y+4):\{(x+2)+(x-4)\} = 4:1$$
$$4(2x-2) = y+4$$
$$8x - y = 12 \quad \cdots\cdots ②$$

① − ② × 2 より、
$$(19x - 2y) - 2(8x - y) = 57 - 12 \times 2$$
$$3x = 33$$
$$x = 11 \text{（歳）}$$

文章題から式をつくるときは、求めるものを x、y とおいたり、a、b とおいたりするとわかりやすくなります。

レッスン10 2次関数のグラフ

レッスンのPoint　重要度 ★★★

2次関数のグラフは放物線になる。
一般の2次関数のグラフの頂点がわかるようになろう。

○ 2次関数のグラフの位置と形

　2次関数のグラフは、**放物線**（物を放り投げるときにできる曲線）とよばれる曲線になります。与えられた2次関数の式 $y = ax^2 + bx + c$ の係数 a、b、c の値により、グラフの位置と形が変わります。一般の2次関数 $y = ax^2 + bx + c$ のグラフは、頂点が原点にある2次関数 $y = ax^2$ のグラフを平行移動することで書くことができます。
　まずは、その過程において必要とされる手順を確認しましょう。

① $y = ax^2$ ($a \neq 0$) のグラフ
　原点を頂点、$x = 0$（y **軸**）を軸とする放物線になります。

$a>0$ のとき

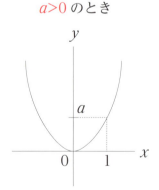

この開き方を**下に凸**とよぶ

$a<0$ のとき

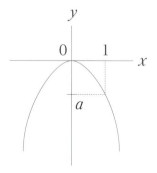

この開き方を**上に凸**とよぶ

② $y = a(x-p)^2 + q \ (a \neq 0)$ のグラフ［標準形］

$y = ax^2$ のグラフを x 軸方向に p、y 軸方向に q だけ**平行移動**したグラフになります。このとき、頂点の座標は (p, q)、軸の方程式は $x = p$ となります。

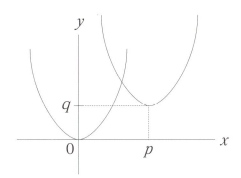

③ $y = ax^2 + bx + c \ (a \neq 0)$ のグラフ［一般形］

次の式変形を**平方完成**とよびます。**平方完成**することによって、頂点の座標は $\left(-\dfrac{b}{2a},\ -\dfrac{b^2-4ac}{4a}\right)$、軸の方程式は $x = -\dfrac{b}{2a}$ であることが求められます。

$$
\begin{aligned}
y &= ax^2 + bx + c \\
&= a\left(x^2 + \dfrac{b}{a}x\right) + c \quad \text{← x^2 の係数で x^2 と x をくくる}\\
&= a\left\{x^2 + \dfrac{b}{a}x + \left(\dfrac{b}{2a}\right)^2 - \left(\dfrac{b}{2a}\right)^2\right\} + c \quad \text{← (x の係数の半分)^2 を足して引く}\\
&= a\left\{\left(x + \dfrac{b}{2a}\right)^2 - \dfrac{b^2}{4a^2}\right\} + c \quad \text{← 最初の3項で ( )^2 を作る}\\
&= a\left(x + \dfrac{b}{2a}\right)^2 - \dfrac{b^2}{4a} + c \quad \text{← \{ \} を外す}\\
&= a\left(x + \dfrac{b}{2a}\right)^2 - \dfrac{b^2-4ac}{4a} \quad \text{← 定数を計算する}
\end{aligned}
$$

では次の例題で、標準形に直す手順を確認しましょう。

例題 1 次の2次関数を標準形 $y = a(x-p)^2 + q$ の形に直しなさい。
$$y = 2x^2 - 8x + 5$$

解説

$$\begin{aligned}
y &= 2x^2 - 8x + 5 \\
&= 2(x^2 - 4x) + 5 \\
&= 2\{x^2 - 4x + (-2)^2 - (-2)^2\} + 5 \\
&= 2\{(x-2)^2 - 4)\} + 5 \\
&= 2(x-2)^2 - 8 + 5 \\
&= 2(x-2)^2 - 3
\end{aligned}$$

正答　$y = 2(x-2)^2 - 3$

例題 2 次の2次関数を標準形 $y = a(x-p)^2 + q$ の形に直しなさい。
$$y = -\frac{1}{3}x^2 - x - 1$$

解説

$$\begin{aligned}
y &= -\frac{1}{3}x^2 - x - 1 \\
&= -\frac{1}{3}(x^2 + 3x) - 1 \\
&= -\frac{1}{3}\left\{x^2 + 3x + \left(\frac{3}{2}\right)^2 - \left(\frac{3}{2}\right)^2\right\} - 1 \\
&= -\frac{1}{3}\left\{\left(x + \frac{3}{2}\right)^2 - \frac{9}{4}\right\} - 1 \\
&= -\frac{1}{3}\left(x + \frac{3}{2}\right)^2 + \frac{3}{4} - 1
\end{aligned}$$

$$= -\frac{1}{3}\left(x+\frac{3}{2}\right)^2 - \frac{1}{4}$$

正答　$y = -\dfrac{1}{3}\left(x+\dfrac{3}{2}\right)^2 - \dfrac{1}{4}$

① 一般形：$y = ax^2 + bx + c$
　　　　↓ 平方完成
② 標準形：$y = a(x-p)^2 + q$
- 頂点 (p, q)
- 形状 $y = ax^2$ ($a > 0 \Rightarrow \smile$, $a < 0 \Rightarrow \frown$)
- y 切片（$x = 0$ を一般形に代入），$y = c$

では、次の例題でグラフの頂点を求める練習をしてみましょう。

例題 3　次の 2 次関数のグラフの頂点の座標を求めなさい。
　　　$y = 2x^2 - 4x + 1$

解説
$y = 2x^2 - 4x + 1$
　$= 2(x^2 - 2x) + 1$
　$= 2\{x^2 - 2x + (-1)^2 - (-1)^2\} + 1$
　$= 2\{(x-1)^2 - 1\} + 1$
　$= 2(x-1)^2 - 2 + 1$
　$= 2(x-1)^2 - 1$
頂点 $(1, -1)$

正答　頂点 $(1, -1)$

ここでチャレンジ！演習問題

No.1 次の2次関数のグラフの頂点の座標として、次のうち正しいものはどれか。

$$y = -\frac{1}{2}x^2 - x + 2$$

(1) $\left(-1, \dfrac{5}{2}\right)$

(2) $\left(1, \dfrac{5}{2}\right)$

(3) $\left(\dfrac{1}{2}, 1\right)$

(4) $\left(-\dfrac{1}{2}, 1\right)$

(5) $(-1, 1)$

正答：(1)

解説：$y = -\dfrac{1}{2}x^2 - x + 2$

$= -\dfrac{1}{2}(x^2 + 2x) + 2$

$= -\dfrac{1}{2}(x^2 + 2x + 1^2 - 1^2) + 2$

$= -\dfrac{1}{2}\{(x+1)^2 - 1\} + 2$

$= -\dfrac{1}{2}(x+1)^2 + \dfrac{1}{2} + 2$

$= -\dfrac{1}{2}(x+1)^2 + \dfrac{5}{2}$

これより、頂点 $\left(-1, \dfrac{5}{2}\right)$

レッスン11 2次関数のグラフの読み取りと グラフの移動

レッスンのPoint
重要度 ★★★

与えられたグラフから、係数等の符号を読み取る。
グラフの移動は、対称移動、平行移動の式変形を覚える。

◯2次関数のグラフの読み取り

2次関数のグラフの接線の傾きや切片の位置を知るためには、次のことを覚えておきましょう。

⊙グラフの読み取り(1)

$y = ax^2 + bx + c$ のグラフが与えられたとき、
a：下に凸なら $a > 0$、上に凸なら $a < 0$ である。
b：y切片における接線の傾きを示す。
c：y切片の値を示す。

では、次の例題を解きながら説明します。

例題1 $y = x^2 + ax + b$ が図のようになっているとき、次の値の符号を調べなさい。
(1) a
(2) b

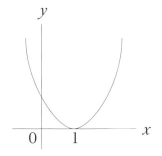

143

解説

(1) 次の図から、y 切片における接線の傾き a は**負**である。

　　よって、$a < 0$

　　　　　　　　正答　$a < 0$

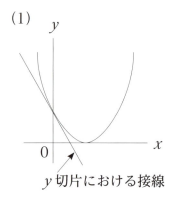

(1)

y 切片における接線

(2) 次の図から、y 切片の値 b は**正**である。

　　よって、$b > 0$

　　　　　　　　正答　$b > 0$

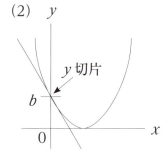

(2)

y 切片

　同様に、与えられた条件の座標の位置を知るためには、次のことを覚えておきましょう。

⦿グラフの読み取り (2)

$y = ax^2 + bx + c$ のグラフが与えられたとき、

$-\dfrac{b}{2a}$：**軸の値**を示す。

$b^2 - 4ac$：x 軸と交わっていれば、　$b^2 - 4ac > 0$
　　　　　　x 軸と接していれば、　　$b^2 - 4ac = 0$
　　　　　　x 軸と共有点がなければ　$b^2 - 4ac < 0$

$a + b + c$：$x = 1$ における y 座標の値を示す。
$a - b + c$：$x = -1$ における y 座標の値を示す。

以上より、次の例題を解いてみましょう。

例題2 $y = ax^2 + bx + c$ が図のようになっているとき、次の値の符号を調べなさい。

(1) a
(2) b
(3) c
(4) $-\dfrac{b}{2a}$
(5) $b^2 - 4ac$
(6) $a + b + c$
(7) $a - b + c$

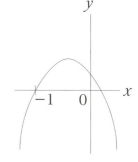

解説

(1) グラフは上に凸である。よって、$a < 0$

　　　　　　　　　　　　　　　　　　正答　$a < 0$

(2) y 切片における接線の傾きは負である。よって、$b < 0$

　　　　　　　　　　　　　　　　　　正答　$b < 0$

(3) y 切片は正である。よって、$c > 0$

　　　　　　　　　　　　　　　　　　正答　$c > 0$

(4) 軸は負である。よって、$-\dfrac{b}{2a} < 0$

　　　　　　　　　　　　　　　　　　正答　$-\dfrac{b}{2a} < 0$

(5) x 軸と2交点を持つ。よって、$b^2 - 4ac > 0$

　　　　　　　　　　　　　　　　　　正答　$b^2 - 4ac > 0$

(6) $x = 1$ における y 座標は負である。
　　よって、$a + b + c < 0$

　　　　　　　　　　　　　　　　　　正答　$a + b + c < 0$

(7) $x = -1$ における y 座標は 0 である。
　　よって、$a - b + c = 0$

　　　　　　　　　　　　　　　　　　正答　$a - b + c = 0$

○2次関数のグラフの移動

ここでは、2次関数のグラフの**対称移動・平行移動**の式変形の手順を覚えましょう。

まず、次のことを覚えておきましょう。

⊙対称移動したときのグラフ

① x 軸に対して対称なグラフ：y を $-y$ でおきかえる。
　　$y = f(x)$　→　$-y = f(x)$
② y 軸に対して対称なグラフ：x を $-x$ でおきかえる。
　　$y = f(x)$　→　$y = f(-x)$
③ 原点に対して対称なグラフ：x を $-x$、y を $-y$ でおきかえる。
　　$y = f(x)$　→　$-y = f(-x)$

⊙平行移動したときのグラフ

① x 軸方向に p、y 軸方向に q 移動したとき：
　x を $x - p$、y を $y - q$ でおきかえる。
　　$y = f(x)$　→　$y - q = f(x - p)$
② 移動前後の式が与えられているとき：頂点の座標をそれぞれ求めて比較する。

では、次の例題でグラフの頂点を求める練習をしてみましょう。

例題 3

$y = -x^2 + 3$ を x 軸の負の方向に 1、y 軸の正の方向に 3、平行移動した 2 次関数を表す方程式を求めなさい。

解説

与えられた式 $y = -x^2 + 3$ で、x を $x+1$、y を $y-3$ でおきかえる。

$$y = -x^2 + 3$$
$$y - 3 = -(x+1)^2 + 3$$
$$= -(x^2 + 2x + 1) + 3$$
$$= -x^2 - 2x - 1 + 3$$
$$= -x^2 - 2x + 2$$
$$y = -x^2 - 2x + 5$$

正答 $-x^2 - 2x + 5$

例題 4

$y = 3x^2 + 2x + 1$ を y 軸に関して対称移動し、x 軸の正の方向に 2 だけ平行移動した 2 次関数を表す方程式を求めなさい。

解説

与えられた式 $y = 3x^2 + 2x + 1$ で、x を $-x$ におきかえた後、x を $x-2$ におきかえる。

$$y = 3x^2 + 2x + 1$$
$$y = 3(-x)^2 + 2(-x) + 1 \quad \text{← } x \text{ を } -x \text{ におきかえる}$$
$$= 3x^2 - 2x + 1$$
$$y = 3(x-2)^2 - 2(x-2) + 1 \quad \text{← } x \text{ を } x-2 \text{ におきかえる}$$
$$= 3(x^2 - 4x + 4) - 2x + 4 + 1$$
$$= 3x^2 - 12x + 12 - 2x + 4 + 1$$
$$= 3x^2 - 14x + 17$$

正答 $y = 3x^2 - 14x + 17$

ここでチャレンジ！演習問題

No.1 2次関数 $y = x^2 - 2x + 3$ のグラフを、平行移動して $y = x^2 + 2x - 2$ とした。このとき行った平行移動として、正しいものは次のうちどれか。

(1) x 軸の正の方向に2、y 軸の正の方向に5だけ平行移動した。
(2) x 軸の正の方向に4、y 軸の負の方向に5だけ平行移動した。
(3) x 軸の負の方向に2、y 軸の負の方向に5だけ平行移動した。
(4) x 軸の負の方向に4、y 軸の正の方向に5だけ平行移動した。
(5) x 軸の負の方向に2、y 軸の正の方向に5だけ平行移動した。

正答：(3)

解説：平行移動の場合は、移動前後の頂点の座標をそれぞれ求めて比較する。

移動前は、
$y = x^2 - 2x + 3 = (x - 1)^2 + 2$
より、頂点 $(1, 2)$ ということがわかる。

移動後は、
$y = x^2 + 2x - 2 = (x + 1)^2 - 3$
より、頂点 $(-1, -3)$ ということがわかる。

以上より、x 軸方向は、$-1 - 1 = -2$、
y 軸方向は、$-3 - 2 = -5$ 平行移動したことがわかる。

よって、(3) の「x 軸の負の方向に2、y 軸の負の方向に5だけ平行移動した」が正解である。

レッスン 12　2次関数の決定

レッスンのPoint

重要度 ★★★

グラフを読み取ることができたら、
反対にグラフの条件から2次関数の式を求める。

○グラフの条件から方針を立てる

2次関数の式が未知でも、グラフのいくつかの条件から2次関数の式を決定することができます。その際、**2次関数の式（一般形や標準形など）の中から、どの形を用いるかをまず考える**ようにしましょう。

⊙グラフの条件から方針を立てる

$\begin{cases} 3\text{点通過} \\ 2\text{点通過} \end{cases}$ ➡ $y = ax^2 + bx + c$ を用いる。

$\begin{cases} \text{頂点}(p, q) \\ \text{軸}: x = p \end{cases}$ ➡ $y = a(x-p)^2 + q$ を用いる。

$\begin{cases} x\text{軸との共有点} \\ (\alpha, 0)\ (\beta, 0) \end{cases}$ ➡ $y = a(x-\alpha)(x-\beta)$ を用いる。

では、次の例題を解いてみましょう。

与えられた条件より、どの形を用いるのがよいかを考えましょう。

例題 1 グラフが次の条件を満たす 2 次関数を求めなさい。
(1) 3 点 (1, 7)、(− 1, − 1)、(4, 4) を通る。
(2) 頂点が (1, 4) で、点 (2, 6) を通る。
(3) x 軸と 2 点 (− 2, 0) (4, 0) で交わり、点 (− 1, 5) を通る。

解説
(1) 3 点 (1, 7)、(− 1, − 1)、(4, 4) を通る。
求める 2 次関数の式の形を決定する。
通過点の座標のみわかっているので、次のものとする。
$$y = ax^2 + bx + c$$
点 (1, 7) を通ることから、
$7 = a + b + c$ …… ①) $x = 1$、$y = 7$ を代入
点 (− 1, − 1) を通ることから、
$−1 = a − b + c$ …… ②) $x = −1$、$y = −1$ を代入
点 (4, 4) を通ることから、
$4 = 16a + 4b + c$ …… ③) $x = 4$、$y = 4$ を代入
① − ② より、
$8 = 2b$、$b = 4$ …… ④
① − ③ より、
$3 = − 15a − 3b$ …… ⑤
⑤に④を代入すると、
$3 = − 15a − 12$、$a = − 1$ …… ⑥
①に④と⑥を代入すると、
$7 = − 1 + 4 + c$、$c = 4$
以上より、
$y = − x^2 + 4x + 4$

正答 $\underline{y = − x^2 + 4x + 4}$

(2) 頂点が（1, 4）で、点（2, 6）を通る。

頂点の座標がわかっているときは、標準形を用いるので次の式とする。

$y = a(x-p)^2 + q$

頂点の座標が（1, 4）なので、

$y = a(x-1)^2 + 4$ ）$p = 1$、$q = 4$ を代入

点（2, 6）を通ることから、

$6 = a(2-1)^2 + 4$

$6 = a + 4$

$a = 2$

以上より、

$y = 2(x-1)^2 + 4$

正答 $y = 2(x-1)^2 + 4$

(3) x軸と2点（－2, 0）（4, 0）で交わり、点（－1, 5）を通る。

x軸との共有点がわかっているので、2次関数の式を次のものとする。

$y = a(x-α)(x-β)$

x軸との共有点（－2, 0）（4, 0）より、

$y = a(x+2)(x-4)$

点（－1, 5）を通ることから、$x = -1$、$y = 5$ を代入すると、

$5 = a(-1+2)(-1-4)$

$5 = -5a$

$a = -1$

以上より、

$y = -(x+2)(x-4)$

正答 $y = -(x+2)(x-4)$

ここでチャレンジ！演習問題

No.1 3点 (2, 8)、(− 2, 0)、(3, 0) を通る2次関数として、次のうち正しいものはどれか。

(1) $y = -x^2 + x + 6$
(2) $y = -x^2 + 2x + 8$
(3) $y = -x^2 - 3x + 18$
(4) $y = -x^2 + 6x + 4$
(5) $y = -2x^2 + 2x + 12$

正答：(5)

解説：x軸と2点（− 2, 0）（3, 0）で交わるので、求める2次関数を次のようにおく。

$y = a(x + 2)(x - 3)$

これが、点（2, 8）を通るので、

$8 = a(2 + 2)(2 - 3)$
$8 = a\{4 \times (-1)\}$
$8 = -4a$
$a = -2$

よって、求める2次関数は、

$y = -2(x + 2)(x - 3)$
$ = -2x^2 + 2x + 12$

x軸と2点で交わるときは、$y = a(x - \alpha)(x - \beta)$ を用います。

レッスン 13　2次関数の最大値・最小値

レッスンのPoint　重要度 ★★☆

定義域（xの変域）と頂点（軸）の位置により、
最大値・最小値の場所が変化する。

○最大値・最小値を求める

2次関数は1次関数と違い、頂点（軸）を境に増加、減少が変化します。たとえば、2次関数 $y = ax^2 + bx + c$ のグラフは、a の符号により形が変わり、かつ**定義域（xの変域）**と**頂点（軸）**の位置により、最大値・最小値の場所が変化します。

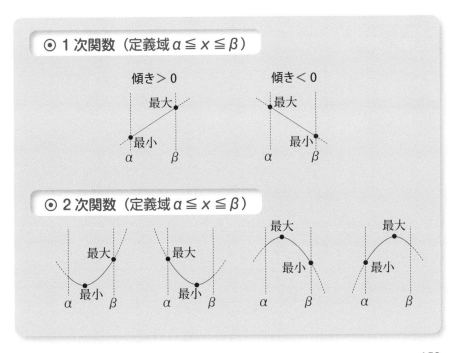

ここでは、定義域（x の変域）と頂点（軸）の位置を確認して、最大値・最小値を求める手順を解説します。

⊙最大値・最小値を求める手順

①**平方完成し、頂点（軸）を求める。**
　〔定義域なし〕➡ **頂点**の y 座標が最大値または最小値となる。
　〔定義域あり〕➡ **定義域の境**の y 座標を求める。
　　　　　　　⬇
②**定義域の中でグラフをかき、最大値・最小値を求める。**

では、次の例題を解きながら、最大値・最小値を求める手順を確認しましょう。

2 次関数のグラフは曲線のため、1 次関数と違い、**定義域の端**が最大・最小にならない場合があることに注意！

例題 1　次の 2 次関数の最大値・最小値を求めなさい。
　(1) $y = -2x^2 + 4x + 5$
　(2) $y = \dfrac{1}{2}x^2 - x + \dfrac{3}{2}$ $(0 \leqq x \leqq 3)$

解説
(1) まずは、**平方完成して、頂点（軸）の位置を求める。**
$$y = -2x^2 + 4x + 5 = -2(x^2 - 2x) + 5$$
$$= -2\{x^2 - 2x + (-1)^2 - (-1)^2\} + 5$$
$$= -2(x-1)^2 + 7$$

頂点 $(1, 7)$ より、
$$\begin{cases} 最大値 7\ (x=1\ のとき)、\\ 最小値なし \end{cases}$$

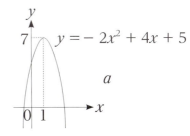

正答 $\begin{cases} 最大値 7\ (x=1\ のとき)\\ 最小値なし \end{cases}$

(2) $y = \dfrac{1}{2}x^2 - x + \dfrac{3}{2}\ (0 \leqq x \leqq 3)$

$= \dfrac{1}{2}(x^2 - 2x) + \dfrac{3}{2}$

$= \dfrac{1}{2}\{x^2 - 2x + (-1)^2 - (-1)^2\} + \dfrac{3}{2}$

$= \dfrac{1}{2}(x-1)^2 + 1$ ……①

以上より、頂点 $(1, 1)$

①に定義域の1つ、$x = 0$ を代入する。

$y = \dfrac{3}{2}$

①に定義域の1つ、$x = 3$ を代入する。

$y = \dfrac{1}{2} \times 9 - 3 + \dfrac{3}{2}$

$= 3$

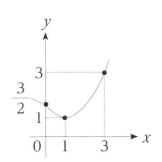

以上より、最大値 3 ($x = 3$ のとき)、最小値 1 ($x = 1$ のとき)

正答 $\begin{cases} 最大値 3\ (x=3\ のとき)\\ 最小値 1\ (x=1\ のとき) \end{cases}$

ここでチャレンジ！演習問題

No.1 2次関数 $y = -x^2 + 10x - 13$ ($2 \leq x \leq 4$) の最小値と最大値に関する記述として、次のうち正しいものはどれか。

(1) 最小値は4、最大値は11
(2) 最小値はなく、最大値は12
(3) 最小値は3、最大値は11
(4) 最小値は3、最大値は12
(5) 最小値は4、最大値はない

正答：(3)

解説：まずは、平方完成して、頂点（軸）の位置を求める。

$y = -x^2 + 10x - 13$
$= -(x^2 - 10x + 5^2 - 5^2) - 13$
$= -(x - 5)^2 + 12$

以上より、軸 $x = 5$ は、定義域（$2 \leq x \leq 4$）の右にある。
よって、$x = 2$ のとき $y = 3$（最小値）、$x = 4$ のとき $y = 11$（最大値）となる。

以上より、
$\begin{cases} 最大値 11 \, (x = 4 \text{のとき}) \\ 最小値 3 \quad (x = 2 \text{のとき}) \end{cases}$

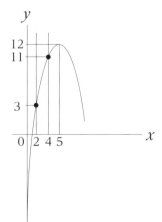

レッスン 14 2次方程式

レッスンのPoint　重要度 ★★

2次方程式は、式の形や係数により解法が変わる。
実数解、重解などの意味も理解しよう。

◯ 2次方程式の解法

2次方程式は、式の形や係数によって解き方が違います。問題によって、どの解法が適しているかを判別できるようになるまで練習しましょう。

⦿ 2次方程式 $ax^2+bx+c=0$ の解法

$ax^2+bx+c=0$

① $b=0$ のとき

$ax^2+c=0$

$x^2 = -\dfrac{c}{a} \left(-\dfrac{c}{a} \geq 0 \right)$

$x = \pm\sqrt{-\dfrac{c}{a}}$

② 左辺が因数分解できるとき

$ax^2+bx+c=(lx+m)(px+q)$ となれば、

$(lx+m)(px+q)=0$

$lx+m=0$、または $px+q=0$ より、

$x=-\dfrac{m}{l},\ -\dfrac{q}{p}$

③左辺が因数分解できないとき

$$x = \frac{-b \pm \sqrt{b^2 - 4ac}}{2a}$$ 「2次方程式の解の公式」

$b = 2b'$のとき(b'はbの半分)、つまりbが偶数のとき

$$x = \frac{-b' \pm \sqrt{b'^2 - ac}}{a}$$

ここが重要 ポイント

$x^2 = -\dfrac{c}{a} < 0$、$b^2 - 4ac < 0$ などのときは、根号の中が負になってしまうので、**解はない**ことに注意！

では、次の例題を解きながら、2次方程式の解法手順を確認しましょう。

例題1 次の2次方程式を解きなさい。
(1) $2x^2 - 36 = 0$
(2) $3x^2 - 4x - 4 = 0$
(3) $5x^2 - 3x - 1 = 0$

解説
(1) 解法の「$b = 0$のとき」を使う。
$2x^2 - 36 = 0$) 移項する
$2x^2 = 36$
$x^2 = 18$
$x = \pm\sqrt{18}$
$x = \pm 3\sqrt{2}$

正答　$x = \pm 3\sqrt{2}$

(2) 解法の「左辺が因数分解できるとき」を使って、因数分解する。

$3x^2 - 4x - 4 = 0$

$(3x + 2)(x - 2) = 0$

$x = -\dfrac{2}{3}, 2$

（たすきがけ）
```
3     2  →   2
 ╲ ╱
 ╱ ╲
1    -2  →  -6
            ───
            -4
```

正答　$x = -\dfrac{2}{3}, 2$

(3) 解法の「左辺が因数分解できないとき」なので「2次方程式の解の公式」を使う。

$5x^2 - 3x - 1 = 0$

$a = 5$、$b = -3$、$c = -1$　より、解の公式に代入する。

$x = \dfrac{-(-3) \pm \sqrt{(-3)^2 - 4 \times 5 \times (-1)}}{2 \times 5}$ ）解の公式に代入する

$x = \dfrac{3 \pm \sqrt{29}}{10}$

正答　$x = \dfrac{3 \pm \sqrt{29}}{10}$

○ 2次方程式の解の判別式

2次方程式の解の公式の $\sqrt{}$ の中身、つまり $b^2 - 4ac$ によって、その2次方程式が「**異なる2つの実数解**を持つ」「**重解**を持つ」あるいは「実数解を**持たない**」かを判別することができます。

ここが重要ポイント

$ax^2 + bx + c = 0$ に対し、$D = b^2 - 4ac$（解の公式の $\sqrt{}$ の中身）を**解の判別式**と呼ぶ。

> **◉ 解の判別式**
>
> $ax^2 + bx + c = 0$ $(a \neq 0$、a、b、c は実数) に対し、
> $D = b^2 - 4ac$
> ① $D > 0 \Rightarrow$ その2次方程式は、異なる**2つの実数解**を持つ。
> ② $D = 0 \Rightarrow$ その2次方程式は、**重解** $\left(x = \dfrac{-b}{2a}\right)$ を持つ。
> ③ $D < 0 \Rightarrow$ その2次方程式は、実数解を**持たない**。
> 　　　　(異なる2つの**虚数解**を持つ)
>
> とくに、$ax^2 + 2b'x + c = 0$ $(a \neq 0$、a、b'、c は実数) のときの解の判別式は、$\dfrac{D}{4} = b'^2 - ac$ と表す。性質は D と同じ。

では、次の例題を解きながら、解の判別式を理解しましょう。

例題 2　2次方程式 $ax^2 - (a-1)x + 5 = 0$ が重解を持つとき、定数 a の値を求めなさい。

解説

問題より重解を持っているので、判別式を D とおくと、$D = 0$ となる。よって、

$\{-(a-1)\}^2 - 4 \times a \times 5 = 0$
$a^2 - 2a + 1 - 20a = 0$
$a^2 - 22a + 1 = 0$

解の公式を用いて、

$a = \dfrac{-(-22) \pm \sqrt{(-22)^2 - 4 \times 1 \times 1}}{2 \times 1}$

$= \dfrac{22 \pm 2\sqrt{120}}{2}$
$= 11 \pm \sqrt{120} = 11 \pm 2\sqrt{30}$

　　　　　　　　　　　　　　　正答　$\underline{11 \pm 2\sqrt{30}}$

例題3 2次方程式 $mx^2+(2m+1)x+m-2=0$ が異なる2つの実数解を持つとき、定数 m の値の範囲を求めなさい。

解説

問題より、異なる2実数解を持っているので、判別式を D とおくと、$D>0$ となる。よって、

$$(2m+1)^2-4\times m\times(m-2)>0$$
$$4m^2+4m+1-4m^2+8m>0$$
$$12m+1>0$$
$$12m>-1$$
$$m>-\frac{1}{12}$$

また、2次方程式なので、$m\neq 0$

よって、$-\dfrac{1}{12}<m<0,\ 0<m$

正答 $-\dfrac{1}{12}<m<0,\ 0<m$

ここでチャレンジ！演習問題

No.1 二次方程式 $x^2+4ax+8a-4=0$ が重解を持つ。このとき、定数 a の値として、次のうち正しいものはどれか。

(1) -2　(2) -1　(3) 0　(4) 1　(5) 2

正答：(4)

解説：問題より、重解を持っているので、判別式を D とおくと、$D=0$ となる。よって、

$$D/4=(2a)^2-1\times(8a-4)=4a^2-8a+4=0$$
$$a^2-2a+1=0$$
$$(a-1)^2=0$$
$$a=1$$

レッスン 15 放物線と直線の位置関係

レッスンの Point　　　重要度 ★★☆

与えられた放物線と直線の位置関係を求めるには、
2次方程式の解の判別式を利用する。

○放物線と直線の位置関係

放物線 C の方程式と直線 l の方程式が与えられたとき、それぞれの位置関係を求めるには、まず、2つの式を連立させます。それからレッスン14で学習した2次方程式の解の判別式を使い、位置関係を求めます。

⊙放物線と直線の位置関係

放物線 $C: y = ax^2 + bx + c$　　直線 $l: y = mx + n$

が与えられている場合、位置関係を求めるには、2つの方程式を次のように連立させる。

$$ax^2 + bx + c = mx + n$$
$$ax^2 + (b-m)x + c - n = 0$$

この2次方程式の判別式 D に対し、

① $D > 0$ のとき　　② $D = 0$ のとき　　③ $D < 0$ のとき

 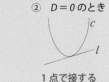

異なる2点で交わる　　1点で接する　　共有点なし

では、次の例題を解きながら、位置関係を求める手順を確認しましょう。

例題1 2次関数 $y=-x^2+x+k$ のグラフが x 軸と共有点をもたないとき、k の値の範囲を求めなさい。

解説

x 軸の方程式は $y=0$ なので、これと $y=-x^2+x+k$ を連立して、
$$0=-x^2+x+k$$
$$x^2-x-k=0$$
（移項する）

判別式を D とおくと、共有点を持たないので、
$$D=(-1)^2-4\times1\times(-k)<0$$
$$1+4k<0$$
$$4k<-1$$
$$k<-\frac{1}{4}$$

正答　$k<-\dfrac{1}{4}$

例題2 2次関数 $y=x^2+2x+4$ のグラフが直線 $y=ax$ と接するとき、a の値を求めなさい。

解説

$y=x^2+2x+4$ と $y=ax$ を連立して、
$$x^2+2x+4=ax$$
$$x^2+(2-a)x+4=0$$

判別式を D とおくと、直線と接しているので、
$$D=(2-a)^2-4\times1\times4=0$$
$$4-4a+a^2-16=0$$
$$a^2-4a-12=0$$
$$(a-6)(a+2)=0$$
$$a=6,\ -2$$

正答　$a=6,\ -2$

ここでチャレンジ！演習問題

No.1 次の（ア）〜（オ）の2次関数のうち、そのグラフがx軸と共有点をもたないものの組合せとして、次のうち正しいものはどれか。

（ア） $y = x^2 + 3x - 6$　　　（イ） $y = 2x^2 + 3x + 4$
（ウ） $y = -x^2 + 2x - 3$　　（エ） $y = -2x^2 + x + 5$
（オ） $y = -3x^2 + 5x - 2$

(1) （ア）（ウ）　　(2) （ア）（エ）（オ）　　(3) （イ）（ウ）
(4) （イ）（ウ）（オ）　　(5) （ウ）（エ）（オ）

正答：(3)

解説：問題より、2次関数はx軸と共通点をもたないので、$y=0$として、判別式$D<0$となる。よって、

（ア） $y = x^2 + 3x - 6$
　$D = 3^2 - 4 \times 1 \times (-6) = 33 > 0$　より　　　不適

（イ） $y = 2x^2 + 3x + 4$
　$D = 3^2 - 4 \times 2 \times 4 = -23 < 0$　より　　　適する

（ウ） $y = -x^2 + 2x - 3$
　$D = 2^2 - 4 \times (-1) \times (-3) = -8 < 0$　より　適する

（エ） $y = -2x^2 + x + 5$
　$D = 1^2 - 4 \times (-2) \times 5 = 41 > 0$　より　　不適

（オ） $y = -3x^2 + 5x - 2$
　$D = 5^2 - 4 \times (-3) \times (-2) = 1 > 0$　より　　不適

よって、条件を満たすのは、（イ）と（ウ）となる。

レッスン 16 2次不等式

レッスンの Point
2次不等式は係数によって解の集合の形が変わる。
x^2 の係数を正にしてから解くこと。

重要度 ★★

○ 2次不等式の解法

2次不等式 ($ax^2 + bx + c > 0$, $ax^2 + bx + c < 0$) の解は、2次方程式 ($ax^2 + bx + c = 0$) が**異なる2つの実数解**を持つとき、次の2種類の形になります。

◉ 2次不等式の解法

$ax^2 + bx + c = 0$ $(a>0)$ の解が $x = α, β$ $(α < β)$ のとき

$ax^2 + bx + c > 0$ ➡ $x < α, β < x$
$ax^2 + bx + c \geqq 0$ ➡ $x \leqq α, β \leqq x$

$ax^2 + bx + c < 0$ ➡ $α < x < β$
$ax^2 + bx + c \leqq 0$ ➡ $α \leqq x \leqq β$

2次不等式は x^2 の係数を必ず正にしてから解きはじめます。

では次の例題を考えてみましょう。

例題 1 次の 2 次不等式を解きなさい。
(1) $3x^2 + 2x - 5 > 0$
(2) $x^2 + x - 1 \leqq 0$
(3) $(2x - 1)^2 - 1 \geqq 6x^2$

解説

(1) 因数分解して解く。

$3x^2 + 2x - 5 > 0$

$$\begin{array}{ccc} 3 & 5 & \rightarrow & 5 \\ 1 & -1 & \rightarrow & -3 \\ \hline & & & 2 \end{array} \Bigg) \text{たすきがけ}$$

$(3x + 5)(x - 1) > 0$

これより求める範囲は、

$x < -\dfrac{5}{3}$, $1 < x$

正答　$x < -\dfrac{5}{3}$, $1 < x$

(2) 解の公式を用いる。

$x^2 + x - 1 \leqq 0$

$x^2 + x - 1 = 0$　とおく。

$x = \dfrac{-1 \pm \sqrt{1^2 - 4 \times 1 \times (-1)}}{2 \times 1}$

$ = \dfrac{-1 \pm \sqrt{5}}{2}$

これより求める範囲は、$\dfrac{-1 - \sqrt{5}}{2} \leqq x \leqq \dfrac{-1 + \sqrt{5}}{2}$

正答　$\dfrac{-1 - \sqrt{5}}{2} \leqq x \leqq \dfrac{-1 + \sqrt{5}}{2}$

(3) 乗法公式で展開して解く。

$(2x - 1)^2 - 1 \geqq 6x^2$

$$4x^2 - 4x + 1 - 1 \geqq 6x^2$$
$$-2x^2 - 4x \geqq 0$$
$$x^2 + 2x \leqq 0 \quad) -2（負の数）でわって不等合の向きを変える$$
$$x(x+2) \leqq 0$$

これより求める範囲は、$-2 \leqq x \leqq 0$

正答　$-2 \leqq x \leqq 0$

ここでチャレンジ！演習問題

No.1 不等式 $(x+2)(x+1) \leqq 2(x+2)(1-x)$ を解いたときの x の範囲として、次のうち正しいものはどれか。

(1) $-2 \leqq x \leqq \dfrac{1}{3}$

(2) $x \leqq \dfrac{1}{3}$

(3) $\dfrac{1}{3} \leqq x \leqq 1$

(4) $1 \leqq x \leqq \dfrac{5}{3}$

(5) $\dfrac{5}{3} \leqq x \leqq 2$

正答：(1)

解説：問題より、2次不等式を展開して解く。

$$(x+2)(x+1) \leqq 2(x+2)(1-x) \quad より$$
$$x^2 + 3x + 2 \leqq 2(-x^2 - x + 2)$$
$$x^2 + 3x + 2 \leqq -2x^2 - 2x + 4$$
$$3x^2 + 5x - 2 \leqq 0$$
$$(3x-1)(x+2) \leqq 0$$

これより求める範囲は、
$$-2 \leqq x \leqq \dfrac{1}{3}$$

レッスン17 三角比

レッスンの Point　　　　　　　　　　重要度 ★★

三角比の値を具体的に基本公式を使って計算する。
主な角の三角比では、三角定規型の三角比を利用する。

○三角比の値

　三角比は、直角三角形の**三辺の長さの比**がわかれば求めることができます。まずは、角度が鋭角のときと、鈍角のときの定義の違いを理解しましょう。

◉三角比の定義

①鋭角の三角比

$$\begin{cases} \sin\theta = \dfrac{a}{b} \\ \cos\theta = \dfrac{c}{b} \\ \tan\theta = \dfrac{a}{c} \end{cases}$$

②鈍角の三角比

$$\begin{cases} \sin\theta = \dfrac{y}{r} \\ \cos\theta = \dfrac{x}{r} \\ \tan\theta = \dfrac{y}{x} \end{cases}$$

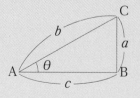
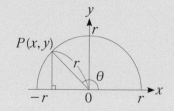

③特殊な角

$\theta = 0°$
$\begin{cases} \sin 0° = 0 \\ \cos 0° = 1 \\ \tan 0° = 0 \end{cases}$

$\theta = 90°$
$\begin{cases} \sin 90° = 1 \\ \cos 90° = 0 \\ \tan 90° \cdots なし \end{cases}$

$\theta = 180°$
$\begin{cases} \sin 180° = 0 \\ \cos 180° = -1 \\ \tan 180° = 0 \end{cases}$

鈍角の三角形を考えるとき、$\cos\theta$ と $\tan\theta$ は**負**の数になることに注意！

では次の例題を考えてみましょう。

例題 1 次の図形において $\sin A$、$\cos A$、$\tan A$ の値をそれぞれ求めなさい。

(1)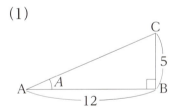

(2)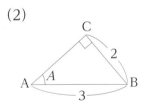

解説
(1)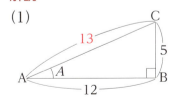

$CA = x$ とする。三平方の定理より、
$$x^2 = 12^2 + 5^2$$
$$= 144 + 25$$
$$= 169$$
$$x = 13$$

したがって、$\sin A = \dfrac{5}{13}$, $\cos A = \dfrac{12}{13}$, $\tan A = \dfrac{5}{12}$

<u>正答　$\sin A = \dfrac{5}{13}$, $\cos A = \dfrac{12}{13}$, $\tan A = \dfrac{5}{12}$</u>

(2)

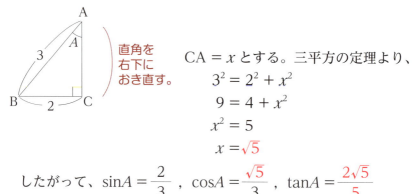

$CA = x$ とする。三平方の定理より、
$$3^2 = 2^2 + x^2$$
$$9 = 4 + x^2$$
$$x^2 = 5$$
$$x = \sqrt{5}$$

したがって、$\sin A = \dfrac{2}{3}$, $\cos A = \dfrac{\sqrt{5}}{3}$, $\tan A = \dfrac{2\sqrt{5}}{5}$

<u>正答　$\sin A = \dfrac{2}{3}$, $\cos A = \dfrac{\sqrt{5}}{3}$, $\tan A = \dfrac{2\sqrt{5}}{5}$</u>

○主な角の三角比の値

次に、三角定規の三角比と覚えておきたい三角比の値を示します。これらの値は、図を描かずに答えられるように練習しておきましょう。

⊙三角比の値［三角定規の三角比］

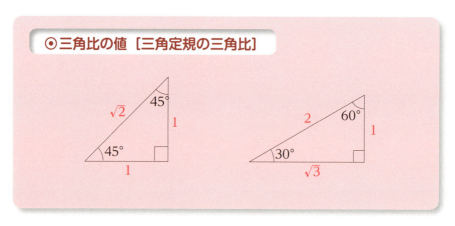

●三角比の値 [覚えておきたい三角比の値]

θ	0°	30°	45°	60°	90°	120°	135°	150°	180°
$\sin\theta$	0	$\dfrac{1}{2}$	$\dfrac{1}{\sqrt{2}}$	$\dfrac{\sqrt{3}}{2}$	1	$\dfrac{\sqrt{3}}{2}$	$\dfrac{1}{\sqrt{2}}$	$\dfrac{1}{2}$	0
$\cos\theta$	1	$\dfrac{\sqrt{3}}{2}$	$\dfrac{1}{\sqrt{2}}$	$\dfrac{1}{2}$	0	$-\dfrac{1}{2}$	$-\dfrac{1}{\sqrt{2}}$	$-\dfrac{\sqrt{3}}{2}$	-1
$\tan\theta$	0	$\dfrac{1}{\sqrt{3}}$	1	$\sqrt{3}$	なし	$-\sqrt{3}$	-1	$-\dfrac{1}{\sqrt{3}}$	0

本試験では、文章題での出題が多くあります。ここで、次の例題を解いてみましょう。

例題2 崖の上から沖にいる船を見たとき、俯角は20°であった。崖の高さが100mのとき、崖の上から船までの直線距離を求めなさい。ただし、目線の高さは考慮しなくてよいものとし、sin20°= 0.342 とする。

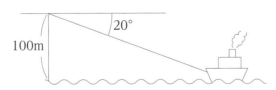

解説

崖の上から船までの直線距離を x m とおくと、

$$x = \dfrac{100}{\sin 20°}$$
$$= \dfrac{100}{0.342} = 292.4$$

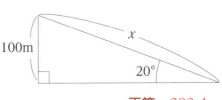

正答 292.4m

例題3

ビルの高さを測るために、A 地点からビルの先端を見たときの仰角は 30°であり、ビルに向かって 100m 進んだ B 地点からビルの先端を観たときの仰角は 45°であった。このビルの高さを求めなさい。ただし、目線の高さは考慮しなくてよいものとする。

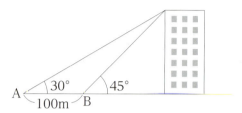

解説

ビルの高さを xm とし、図のように C、D をおく。
△BCD で、三角定規の三角比より、
　BD : CD = 1 : 1
　BD : x = 1 : 1
　　BD = x

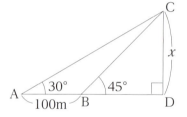

よって、△ACD で、三角定規の三角比より、
　　AD : CD = $\sqrt{3}$: 1
　$(100 + x) : x = \sqrt{3} : 1$
　　　　$\sqrt{3}x = 100 + x$ ）内項の積＝外項の積
　$(\sqrt{3} - 1)x = 100$

$$x = \frac{100}{\sqrt{3}-1} = \frac{100(\sqrt{3}+1)}{(\sqrt{3}-1)(\sqrt{3}+1)}$$

$$= \frac{100(\sqrt{3}+1)}{3-1}$$

$$= 50(\sqrt{3}+1)$$

正答 $50(\sqrt{3}+1)$

ここでチャレンジ！演習問題

No.1 図の様に、ある地点 A と地点 B をつなぐロープウェイがある。2地点 A、B 間の距離は 2,400m、傾斜角は 16°である。このとき、地点 A と地点 B の水平距離はおよそ何メートルか。必要ならば、次の値を用いてよい。

$\sin 16° = 0.2756$、$\cos 16° = 0.9613$、$\tan 16° = 0.2867$

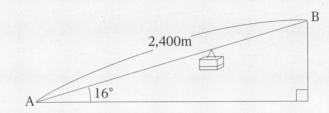

(1) 660m
(2) 690m
(3) 1,650m
(4) 2,100m
(5) 2,310m

正答：(5)

解説：直角三角形の残りの頂点を C とおく。求めるのは AC である。

三角比の定義からより、$\cos 16° = \dfrac{AC}{AB}$ より、

$AC = AB \times \cos 16°$
$\quad = 2400 \times 0.9613$
$\quad = 2307.12 ≒ 2310$

レッスン 18 三角比の相互関係

レッスンの Point　重要度 ★★

$\sin\theta$、$\cos\theta$、$\tan\theta$ の間の関係式は、値を求めるときや変形するときに使うので重要。この関係式をまず覚える。

◯三角比の3つの関係式

$\sin\theta$、$\cos\theta$、$\tan\theta$ の間には、いくつかの大切な関係式が成り立ちます。次の関係式をまず正確に覚えましょう。

◉三角比の相互関係式（Ⅰ）

① $\sin^2\theta + \cos^2\theta = 1$

② $\tan\theta = \dfrac{\sin\theta}{\cos\theta}$

③ $1 + \tan^2\theta = \dfrac{1}{\cos^2\theta}$

では、次の例題で三角比の関係式の使い方を確認しましょう。

例題 1　次の三角比の値がわかっているとき、残りの2つの三角比の値を求めなさい。

(1) $0° < \theta < 90°$、$\cos\theta = \dfrac{1}{4}$

(2) $90° < \theta < 180°$、$\tan\theta = -\dfrac{1}{3}$

解説

(1) 三角比の関係式①を使う。

$\sin^2\theta + \cos^2\theta = 1$ に、$\cos\theta = \dfrac{1}{4}$ を代入する。

$$\sin^2\theta + \left(\dfrac{1}{4}\right)^2 = 1$$

$$\sin^2\theta = \dfrac{15}{16}$$

$0° < \theta < 90°$ より、θ は鋭角なので、$\sin\theta > 0$ から、

$$\sin\theta = \dfrac{\sqrt{15}}{4}$$

$$\tan\theta = \dfrac{\sin\theta}{\cos\theta} = \dfrac{\sqrt{15}}{4} \div \dfrac{1}{4} = \sqrt{15}$$

正答 $\sin\theta = \dfrac{\sqrt{15}}{4}$, $\tan\theta = \sqrt{15}$

(2) 三角比の関係式③を使う。

$1 + \tan^2\theta = \dfrac{1}{\cos^2\theta}$ に、$\tan\theta = -\dfrac{1}{3}$ を代入する。

$$1 + \left(-\dfrac{1}{3}\right)^2 = \dfrac{1}{\cos^2\theta}$$

$$\dfrac{1}{\cos^2\theta} = \dfrac{10}{9}$$

$$\cos^2\theta = \dfrac{9}{10}$$

$90° < \theta < 180°$ より、θ は鈍角なので、$\cos\theta < 0$ から、

$$\cos\theta = -\dfrac{3}{\sqrt{10}} = -\dfrac{3\sqrt{10}}{10}$$

$\tan\theta = \dfrac{\sin\theta}{\cos\theta}$ より、

$\sin\theta = \tan\theta \times \cos\theta = \left(-\dfrac{1}{3}\right) \times \left(-\dfrac{3\sqrt{10}}{10}\right) = \dfrac{\sqrt{10}}{10}$

正答　$\sin\theta = \dfrac{\sqrt{10}}{10}$, $\cos\theta = -\dfrac{3\sqrt{10}}{10}$

θが鈍角のときは、cos θ と tan θ が負の数になることに注意しましょう。

○三角比の相互関係式

さらに、三角比の相互関係として、次の関係式を理解しましょう。

◉三角比の相互関係式（Ⅱ）

① $\begin{cases} \sin(90°-\theta) = \cos\theta \\ \cos(90°-\theta) = \sin\theta \\ \tan(90°-\theta) = \dfrac{1}{\tan\theta} \end{cases}$
② $\begin{cases} \sin(90°+\theta) = \cos\theta \\ \cos(90°+\theta) = -\sin\theta \\ \tan(90°+\theta) = -\dfrac{1}{\tan\theta} \end{cases}$

③ $\begin{cases} \sin(180°-\theta) = \sin\theta \\ \cos(180°-\theta) = -\cos\theta \\ \tan(180°-\theta) = -\tan\theta \end{cases}$

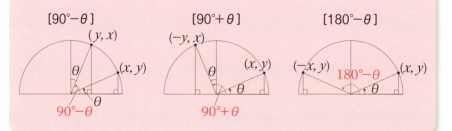

では、次の例題で三角比の関係式(Ⅱ)の使い方を確認しましょう。

例題 2　次の計算をしなさい。
$\sin 40° \cos 50° + \cos 40° \sin 50°$

解説

三辺の長さの比がわからないときは、、三角比の相互関係式(Ⅱ)を用いて、できるだけ小さな角に直す。

$\sin 40° \cos 50° + \cos 40° \sin 50°$
$= \sin 40° \cos(90° - 40°) + \cos 40° \sin(90° - 40°)$
$= \sin 40° \sin 40° + \cos 40° \cos 40°$
$= \sin^2 40° + \cos^2 40°$
$= 1$

正答　<u>1</u>

ここでチャレンジ！演習問題

No.1 $\dfrac{\sin\theta - \cos\theta}{\sin\theta + \cos\theta} = \dfrac{1}{3}$ のとき、$\tan\theta$ の値として、正しいものは次のうちどれか。

(1) $\dfrac{1}{2}$　(2) 2　(3) $\dfrac{2}{3}$　(4) 3　(5) $\dfrac{3}{4}$

正答：(2)

解説：与式の分母を払う。

$\dfrac{\sin\theta - \cos\theta}{\sin\theta + \cos\theta} = \dfrac{1}{3}$

$3(\sin\theta - \cos\theta) = \sin\theta + \cos\theta$

$2\sin\theta = 4\cos\theta$

両辺を $2\cos\theta$ でわると、

$\dfrac{\sin\theta}{\cos\theta} = \tan\theta = 2$

レッスン 19 正弦定理と余弦定理

レッスンの Point　　　重要度 ★★

正弦定理と余弦定理の使い方を覚える。
どんな場合にどちらの定理を使うか考えよう。

◯正弦定理

正弦定理は主に、三角形で2角と1辺が与えられて、その他の辺を求めるときに用います。また、外接円の半径の長さがわかっているときにも用います。

⊙ 正弦定理

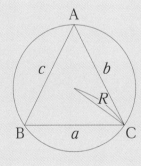

△ABC の外接円の半径を R とする。

$$\frac{a}{\sin A} = \frac{b}{\sin B} = \frac{c}{\sin C} = 2R$$

三角形において、辺の長さと対角の $\sin$ の値は比例する。

では、次の例題で正弦定理の使い方を確認しましょう。

例題 1 △ABC において、次の問に答えなさい。
ただし、△ABC の外接円の半径を R とする。
(1) $\angle A = 150°$、$R = 12$ のとき、a を求めなさい。
(2) $b = 6$、$\angle A = 105°$、$\angle B = 45°$ のとき、c を求めなさい。

解説

(1) 正弦定理より、

$$\frac{a}{\sin 150°} = 2 \times 12$$

$$a = 24 \times \sin 150° = 24 \times \frac{1}{2} = 12$$

正答　**12**

(2) $\angle C = 180° - 105° - 45° = 30°$

正弦定理より、

$$\frac{6}{\sin 45°} = \frac{c}{\sin 30°}$$

$$c = \frac{6}{\sin 45°} \times \sin 30°$$

$$= 6 \div \left(\frac{\sqrt{2}}{2}\right) \times \frac{1}{2} = 3\sqrt{2}$$

正答　**$3\sqrt{2}$**

○余弦定理

　三角形の 6 つの要素（3 つの辺と 3 つの角）のうち、**辺**が 2 つ以上わかっているときは、**余弦定理**を用います。余弦定理は主に、**2 辺とそのはさむ角**が与えられて、**残りの辺**を求めるときや、**3 辺（の比）**が与えられて、**角**を求めるときに用います。

⦿ 余弦定理

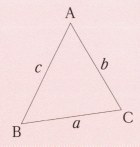

$$a^2 = b^2 + c^2 - 2bc\cos A$$

$$\cos A = \frac{b^2 + c^2 - a^2}{2bc}$$

三角形において、2辺とはさむ角で対辺を表す。

では、次の例題で余弦定理の使い方を確認しましょう。

例題 2 △ABCにおいて、次のものを求めなさい。
$b = 3$、$c = 1$、$\angle A = 120°$のときの a

解説

余弦定理より、
$a^2 = 3^2 + 1^2 - 2 \times 3 \times 1 \times \cos 120°$
$\quad = 9 + 1 - 6 \times \left(-\dfrac{1}{2}\right)$
$\quad = 10 + 3$
$\quad = 13$
$a > $ より、$a = \sqrt{13}$

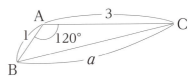

正答 $\sqrt{13}$

まず、図を描いて、どの値がわかっているのかを確認する。

ここでチャレンジ！演習問題

No.1 図に示すように、AB $=\sqrt{2}$、∠ABC $= 30°$、∠BCA $= 45°$ の△ABCがあるとき、ACの長さとして、次のうち正しいものはどれか。

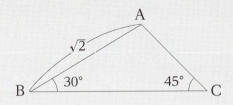

(1) $\dfrac{1}{2}$　(2) $\dfrac{\sqrt{2}}{2}$　(3) 1　(4) $\sqrt{2}$　(5) 2

正答：(3)

解説：2角が与えられているので、正弦定理を用いる。

図より、

$$\dfrac{AC}{\sin B} = \dfrac{AB}{\sin C}$$

$$\dfrac{AC}{\sin 30°} = \dfrac{\sqrt{2}}{\sin 45°}$$

$$AC = \dfrac{\sqrt{2}\sin 30°}{\sin 45°} = \dfrac{\sqrt{2} \times \dfrac{1}{2}}{\dfrac{1}{\sqrt{2}}} = 1$$

面積と面積比

レッスンのPoint

重要度 ★★★

いろいろな面積公式を整理して覚える。
面積比の扱い方も確認しよう。

○面積の求め方

面積は、次のような方法で求めることができます。三角比を用いた公式は、三角形の6つの要素（3辺と3つの角）から直接求める方法なので、使いやすい形をしています。

◉三角形の面積の求め方

① 2辺とはさむ角のsinから求める。
　△ABCの面積Sに対し、

$$S = \frac{1}{2} bc \sin A$$

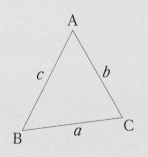

② 内接円の半径から求める。
　△ABCの面積をS、内接円の半径をrとすると、

$$S = \frac{1}{2} r(a+b+c)$$

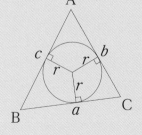

③ヘロンの公式を利用する。

$s = \dfrac{a+b+c}{2}$ とすると、

三角形の面積は、

$S = \sqrt{s(s-a)(s-b)(s-c)}$

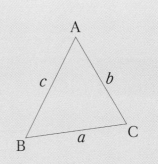

また、内接円の半径は、面積と3辺の長さの和から求めることができます。

直角三角形において、1辺の長さがわかっていないときは、三平方の定理 $a^2 + b^2 = c^2$ を用いる。

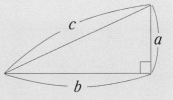

ヘロンの公式を用いると、3辺の長さから直接、面積を求めることができます。

⊙四角形の面積の求め方

四角形ABCDの面積をSとすると、

$S = \dfrac{1}{2} pq \sin \theta$

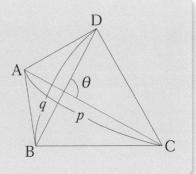

では、次の例題で、実際に三角比を用いて三角形の面積を求めてみましょう。

例題 1 次の場合について、△ABC の面積をそれぞれ求めなさい。
(1) $a = 3$、$b = 4$、$\angle C = 45°$
(2) $a = 3$、$c = 2$、$\angle B = 120°$

解説

(1) $S = \dfrac{1}{2} ab \sin C$ より、

$S = \dfrac{1}{2} \times 3 \times 4 \times \sin 45°$

$= \dfrac{1}{2} \times 3 \times 4 \times \dfrac{\sqrt{2}}{2}$

$= 3\sqrt{2}$

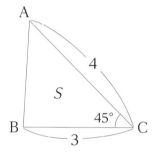

正答 $3\sqrt{2}$

(2) $S = \dfrac{1}{2} ca \sin B$ より、

$S = \dfrac{1}{2} \times 2 \times 3 \times \sin 120°$

$= \dfrac{1}{2} \times 2 \times 3 \times \dfrac{\sqrt{3}}{2}$

$= \dfrac{3\sqrt{3}}{2}$

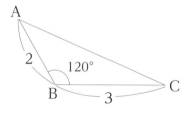

正答 $\dfrac{3\sqrt{3}}{2}$

> まずは図を描いて、6つの要素のうち、何がわかっているのかを確認しましょう。

◯三角形の面積比

三角形の面積比は、次の関係から求めることができます。

> ### ◉三角形の面積比
> ① 底辺が等しいとき ➡ 高さの比
> ② 高さが等しいとき ➡ 底辺の比
> ③ 1つの角が等しいとき ➡ 等角をはさむ2辺の積の比
>
> 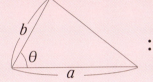 : 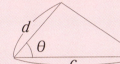 $= ab : cd$

2つの三角形が相似で、相似比が $k : l$ のとき、面積比は $k^2 : l^2$ となる。

では、次の例題を解いてみましょう。

例題2 図の△ABCにおいて、BD：CD = 3：4であるとき、面積比△ABC：△ABDを求めなさい

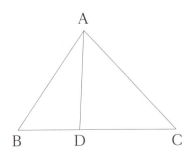

解説

△ABC と △ABD は、BC を底辺と見ると、高さが等しい。
よって、面積比は底辺の比と等しい。
BD：CD = 3：4 より、
BC：BD = 7：3
よって、△ABC：△ABD = 7：3

正答　7：3

ここでチャレンジ！演習問題

No.1 図に示すように、2本の対角線 AD と BC が 60°の角度で交わる四角形 ABDC がある。AB = 6、BC = 12、BD = 8、∠ABD = 90°であるとき、この四角形 ABDC の面積として、次のうち正しいものはどれか。

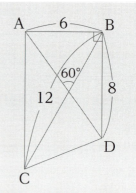

(1) $18\sqrt{3}$　(2) $24\sqrt{3}$　(3) $30\sqrt{3}$　(4) $36\sqrt{3}$　(5) $48\sqrt{3}$

正答：(3)

解説：四角形の面積公式を用いる。

まず、直角三角形 ABD において、三平方の定理より、
$AD = \sqrt{6^2 + 8^2} = \sqrt{100} = 10$

よって、四角形 ABDC の面積を S とすると、

$S = \dfrac{1}{2}(AD \times BC)\sin 60°$

$= \dfrac{1}{2}(10 \times 12)\dfrac{\sqrt{3}}{2}$

$= 30\sqrt{3}$

No.2 図において、AE と CD が平行で AB：BD ＝ 3：5 であるとき、△ADE と△ECD の面積の比として、次のうち正しいものはどれか。

　　　△ADE ： △ECD
(1) 　　2 　：　 9
(2) 　　3 　：　 5
(3) 　　6 　：　 7
(4) 　　9 　：　 25
(5) 　　15 ：　 31

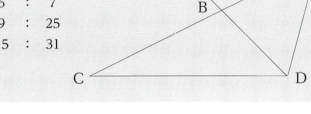

正答：(2)

解説：三角形の相似比、面積比を用いる。

△ABE と△BDE は高さが等しいので、面積比は底辺の比と等しい。

よって、△ABE：△BDE ＝ AB：BD ＝ 3：5 より、
△ABE ＝ $9k$、△BDE ＝ $15k$ とおくことができる。

また、AE と CD が平行なので、△ABE ∽ △DBC、
相似比は 3：5 なので、面積比は $3^2:5^2 = 9:25$ となり、
△ABE ＝ $9k$、△DBC ＝ $25k$

よって、
△ADE：△ECD ＝ $(9k + 15k):(15k + 25k)$
　　　　　　　＝ $24k:40k$
　　　　　　　＝ $3:5$

レッスン21 体積と体積比、表面積

レッスンのPoint 重要度 ★★★

立体図形のいろいろな公式を整理して覚える。
体積と表面積をすぐ出せるように練習しよう。

○立体図形の公式

　立体には、球、円柱、円すい、角柱、角すいなど、さまざまなものがあります。
　それぞれの**体積**と**表面積**を求める公式を確実に覚えましょう。

◉さまざまな立体図形の公式

①球
　　球の半径を r とすると、
　体積　$V = \dfrac{4}{3}\pi r^3$
　表面積　$S = 4\pi r^2$

②円柱
　　円柱の底面の半径を r、
　　高さを h とすると、
　体積　$V = \pi r^2 h$
　表面積　$S = \underbrace{2\pi r^2}_{\text{円2つ}} + \underbrace{2\pi rh}_{\text{長方形}}$

③円すい
　　円すいの底面の半径を r、
　　高さを h とすると、
　体積　$V = \dfrac{1}{3}\pi r^2 h$
　表面積　$S = \underbrace{\pi r^2}_{\text{円}} + \underbrace{\pi r\sqrt{r^2+h^2}}_{\text{おうぎ形}}$

④角柱・角すい
　　角柱・各すいの底面積を S、
　　高さを h とすると、
　角柱の体積　$V = Sh$
　角すいの体積　$V = \dfrac{1}{3}Sh$
　表面積　展開図で考える。

ここが重要ポイント

2つの立体が相似で、相似比（辺の長さの比）が $k:l$ のとき、
- 表面積の比は、$k^2:l^2$
- 体積の比は、$k^3:l^3$

では、次の例題を解いて、体積の求め方をマスターしましょう。

例題1 次の問いに答えなさい。
(1) 半径3の球の体積を求めよ。
(2) 半径3の球に外接する直円柱の体積を求めよ。
(3) 底面の半径が3、母線の長さが5の直円すいの体積を求めよ。

解説
(1) 球の体積公式で $r=3$ として、
$$V = \frac{4}{3}\pi \times 3^3$$
$$= 4\pi \times 9$$
$$= 36\pi$$

正答　36π

(2) 半径3の球に外接する直円柱の高さは6なので、求める体積は、
$$V = \pi \times 3^2 \times 6$$
$$= 54\pi$$

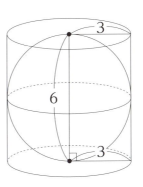

正答　54π

(3) 直円すいの高さを h とすると、三平方の定理より、

$h^2 = 5^2 - 3^2 = 25 - 9 = 16$

$h = 4$

よって、求める体積は、

$V = \dfrac{1}{3} \pi \times 3^2 \times 4$

$= 12\pi$

正答　12π

 直円錐の半径、高さ、母線の長さを出すときは、**三平方の定理**を用いる。

No.1 粘土でできた底面の半径が 5cm、高さが 9cm の円すいが 1 個ある。この円すいの粘土を使って、半径 3cm の球を 1 個つくったところ、粘土が余った。余った粘土の量として、次のうち正しいものはどれか。ただし、π は円周率を表すものとする。

(1) $21\pi \, \text{cm}^3$
(2) $27\pi \, \text{cm}^3$
(3) $33\pi \, \text{cm}^3$
(4) $39\pi \, \text{cm}^3$
(5) $45\pi \, \text{cm}^3$

正答：(4)

解説：立体図形の体積公式を用いる。

円すいの体積は、$\frac{1}{3}\pi r^2 h$ より、

$$\frac{1}{3}\pi \times 5^2 \times 9 = 75\pi$$

球の体積は、$\frac{4}{3}\pi r^3$ より、

$$\frac{4}{3}\pi \times 3^3 = 36\pi$$

よって、余った粘土の量は、
$75\pi - 36\pi = 39\pi \text{ cm}^3$

No.2 円すいAと円すいBは相似で、相似比が4：5である。円すいAの体積が192cm³であるとき、円すいBの体積として、次のうち正しいものはどれか。

(1) 240cm³
(2) 288 cm³
(3) 300 cm³
(4) 375 cm³
(5) 384 cm³

正答：(4)

解説：相似比と体積比の関係から求める。

相似比が4：5なので、体積比は、

A：B＝$4^3 : 5^3$

A＝192なので、代入して、

192：B＝$4^3 : 5^3$

64B＝192×125　）内項の積＝外項の積

B＝375cm³

No.3 底面の半径が4、高さが8の円柱に、ちょうど入る半径4の球がある。この円柱と球との体積の比として、次のうち正しいものはどれか。

円柱：球

(1) 2：1　　(2) 3：2　　(3) 4：3　　(4) 5：4　　(5) 6：5

正答：(2)

解説：立体の体積公式を用いる。

円柱の体積は、$\pi r^2 h$ より、$\pi \times 4^2 \times 8 = 128\pi$

球の体積は、$\dfrac{4}{3}\pi r^3$ より、$\dfrac{4}{3}\pi \times 4^3 = \dfrac{256}{3}\pi$

よって、求める比は、

$$128\pi : \dfrac{256}{3}\pi = 3 : 2$$

No.4 底面の半径が3、高さが12の円すいがある。この円すいと体積が同じ球の半径の値として、次のうち正しいものはどれか

(1) 2　　(2) 3　　(3) 4　　(4) 5　　(5) 6

正答：(2)

解説：立体の体積公式を用いる。

円すいの体積は、$\dfrac{1}{3}\pi r^2 h$ より、$\dfrac{1}{3}\pi \times 3^2 \times 12 = 36\pi$

球の体積は、$\dfrac{4}{3}\pi r^3$ より、

$\dfrac{4}{3}\pi r^3 = 36\pi$

これを解いて、半径 r を求めると、

$r^3 = 27$

$r = 3$

自衛隊一般曹候補生
合格テキスト

3章

英　語

3章のレッスンの前に	194
レッスン00 英文の基礎	196
レッスン01 アクセントと発音	201
レッスン02 反意語と派生語	208
レッスン03 比　較	217
レッスン04 前置詞	224
レッスン05 助動詞	231
レッスン06 不定詞と動名詞	241
レッスン07 否　定	256
レッスン08 時　制	262
レッスン09 会話、その他の重要表現	267

3章のレッスンの前に

英語の試験では次のような内容が出題されます

発音、アクセント問題

　最初に、発音、アクセント問題です。アクセントの問題は、5つの単語をそれぞれ音節に分けて、問題文に合う単語を選ばせる内容です。単語を覚える際は実際に声に出して、正しいアクセントを身につけるようにしましょう。他にも、各選択肢に単語を2つ並べ、同じ発音の組合せ同士のものを選ばせるという問題があります。毎年似たような形式で出題されています。

語彙に関する問題

　次に、語彙に関する問題です。特に、反意語の組合せを選ばせる問題がよく出ています。代表的なものを覚えておくといいでしょう。

文法問題

　英文法がしっかりと把握されているかを試される問題が多く出題されます。たとえば、並べ替えの問題は、正しい文法を理解していないと正解を導くことができません。助動詞や、完了形、不定詞や動名詞などの用法をしっかりと復習しておきましょう。

読解力を試す問題

　英文を2つ並べ、同じ意味の文の組合せを選ばせる問題があります。よく似た英文でも、まったく違う意味のものもありますので、よく確認しておきましょう。また、書き換えのできる言い回しなどを、合わせて覚えておくといいでしょう。他に、和訳が誤っているものを選ばせる問題、正しい英訳の文を選ばせる問題、長文読解など、正しく英文を読み取る力が試されます。ただ、記述問題はなく、すべて5択のマークシート方式です。高校の英文法をしっかりと頭に入れておけば、確実に点数が取れるはずなので、しっかりと復習しておきましょう。

　また、最後に会話文の問題があります。質問と答えのやり取りを、穴埋めで選ばせるパターンが多く出題されています。会話の流れを理解できるように、会話文に慣れておきましょう。

各レッスン内容の概要

　本章では、英語試験の対策として、例文の多くを過去問題から抜粋し、問題の出題形式に合わせて項目分けをしています。各項目はテキスト＆レッスン形式になっており、チェックしながら進めていく内容となっています。

- **レッスン00　英文の基礎**　基本5文型をマスターして英文理解をしやすくしていきます。

- **レッスン01　アクセントと発音**　アクセントの位置と発音についてマスターしていきます。

- **レッスン02　反意語と派生語**　代表的な反意語と派生語について、学んでいきます。

- **レッスン03　比較**　比較級と最上級のつくりかたについて学び、代表的な比較の言い回しなどをマスターしていきます。

- **レッスン04　前置詞**　前置詞の働きや、前置詞を使った代表的な慣用表現をマスターしていきます。

- **レッスン05　助動詞**　英文理解に欠かせない項目です。主な助動詞と、覚えておきたい言い回しをマスターしていきます。

- **レッスン06　不定詞と動名詞**　不定詞と動名詞それぞれの特徴を理解し、代表的な言い回しなどを覚えていきます。

- **レッスン07　否定**　全体否定、部分否定の違いをマスターし、代表的な否定表現を覚えていきます。

- **レッスン08　時制**　現在完了形、現在完了進行形、過去完了形などの表現方法を覚えていきます。時制の一致のルールなどもマスターしていきます。

- **レッスン09　会話、その他の重要表現**　会話表現や、ことわざ、よく使われる動詞句などを覚えていきます。

レッスン 00 英文の基礎

> **レッスンの Point**
> 英語は、日本語のルールとは全く違う。基本的な英文法について確認しておこう。

①単語、アルファベット

アルファベットが決まった順番で並ぶと、意味のある言葉になり、これを「**単語**」といいます。単語が集まって、まとまった意味を表現したものが英文です。英文の基本的なルールを見ていきましょう。

❶大文字と小文字

アルファベットには、**大文字**と**小文字**があり、文の最初の単語は大文字ではじめます。その他、地名、人名、「私は」を意味する「I」などは常に大文字で表します。

　This is my pen.
　これは私のペンです。

　I live in Japan.
　私は日本に住んでいます。

❷文の終わり

文の終わりは、通常ピリオド（.）をつけます。または**感嘆符**（！）**疑問符**（？）がつきます。

　How old are you?
　（あなたは）おいくつですか？

② 基本5文型

英語の文は、**主語**（Subject）と**動詞**（Verb）を含み、動詞によって**補語**（Complement）や**目的語**（Object）をとるものがあります。このような文の主要な構成要素から、以下のように、英文を5つのパターンに分類することができます。これを5文型といいます。

5文型は必ず覚えなければならないものというより、文の意味を理解する際に役立てるものです。5つの英文のパターンを理解して、英文に慣れていきましょう。

5文型を考えるとき、主要な構成要素以外の修飾語は、5文型の構成要素として考慮しません。修飾語とは、**形容詞や副詞の働きをする**語句などです。

<u>Students</u> <u>come</u> ~~to our shop every week~~.
　　S　　　V

学生たちは毎週私たちのお店に来ます。

~~Last summer,~~ <u>he</u> <u>gave</u> <u>me</u> <u>this glass</u> ~~as a souvenir~~.
　　　　　　　　S　　V　　O　　　O

去年の夏、彼はお土産にこのグラスをくれました。

5文型は、動詞と動詞に続く要素を類型化したものなので、文の中心となる**動詞の使われ方**に注目すると理解しやすくなります。

まず、動詞には「**自動詞**」と「**他動詞**」があります。「自動詞」は、自ら何らかの動作をすることを表し、「他動詞」は、他者（＝目的語）に対して何らかの動作、作用を与えることを表します。1つの動詞でも自動詞と他動詞の両方の使い方を持っている場合もあります。

たとえば、moveは「**動く**」という自動詞として使われる場合と、「（何かを）**動かす**」という他動詞として使われる場合があります。

The man didn't move ~~for a long time~~.
　S　　　V(自動詞)
その男は長時間動かなかった。

The man didn't move the chairs.
　S　　　V(他動詞)　　 O
その男は椅子を動かさなかった。

①第1文型：SV

　第1文型は**主語＋動詞**の、SVだけで構成されているので、**自動詞**を中心とした文ということがわかります。「Sは〜する」という意味になります。例のように、SVの後に時や場所を表す追加情報が加わることが多い文型です。

I live in Tokyo for ten years.
S V
私は東京に10年間住んでいます。

He smiled.
 S　　 V
彼は微笑みました。

②第2文型：SVC

　第2文型は、**主語＋動詞＋補語**で構成されます。この文型では**S=C**という関係が成り立ちます。

He is a student.
 S V　 C
彼は学生です。(彼＝学生)

She became an actress.
 S　　V　　　C
彼女は女優になりました。(彼女＝女優)

補語には、名詞の他に、形容詞が入る場合が多くあります。

<u>She</u> <u>looks</u> <u>happy</u>.
　S　　V　　　C
彼女は幸せそうに見えます。（彼女＝幸せ）

In November, <u>the leaves</u> <u>turn</u> <u>yellow</u>.
　　　　　　　　　S　　　　V　　　C
11月、葉は黄色になります。（葉＝黄色）

③第3文型：SVO

第3文型は、**主語＋動詞＋目的語**で構成されます。動詞の後に目的語があるので、動詞は**他動詞**として使われています。

<u>We</u> <u>cooked</u> <u>soup</u>.
　S　　 V　　　 O
私たちはスープを作りました。

<u>He</u> <u>bought</u> <u>a bottle of milk</u> at a convenience store.
　S　　 V　　　　　 O
彼はコンビニで牛乳を1本買いました。

<u>They</u> <u>kept</u> <u>their promise</u>.
　S　　　V　　　　O
彼らは約束を守りました。

④第4文型：SVOO

第4文型は、**主語＋動詞＋目的語＋目的語**で構成され、動詞の後に目的語が2つ続きます。

この時、1つ目の目的語に「人」2つ目に「物」という順序になり「人に物を～する」という意味になります。

<u>I</u> <u>bought</u> <u>him</u> <u>a watch</u>.
S　　V　　　 O　　 O
私は彼に腕時計を買いました。

このタイプの文は、I bought a watch for him.（動詞＋物＋to/for 人）と書き換えることもできます。

⑤ 第5文型：SVOC

第5文型は、**主語＋動詞＋目的語＋補語**で構成されます。「O を C の状態に～する」という意味を持ち、**O=C** という関係が成り立ちます。

My mother made me angry.
　　S　　　　V　　O　　C
母は私を怒らせました。（私＝怒っている）

We call him Tom.
　S　V　 O　 C
私たちは彼をトムと呼ぶ。（彼＝トム）

I found the film interesting.
S　V　　O　　　　C
私は、その映画は面白いと思った。（映画＝面白い）

以上のように、英文は、主にこの5つの文型をもとにしてつくられています。

このルールを念頭において、次項からのレッスンに進んでいきましょう。

レッスン 01 アクセントと発音

レッスンのPoint
必ず出題される分野である。接尾辞（語尾）に関連するいくつかのルールを覚えるのが効果的！

重要度 ★★★

発音は、スペリングと関連するルールもありますが、例外も多いため、発音のわからない単語をその都度チェックすることが、覚えるための早道です。実際に発音し、自分が思っていたのと違う発音、アクセントのものはしっかり身につけましょう。特に、カタカナ化した英語や、発音・アクセントが異なる語には注意しましょう。

１ アクセントの位置のルール

1) 母音に置かれる

アクセントは母音（アイウエオとそれに近い音）に置かれ、母音は各音節に１つあります。音節とは、アクセントの出題でハイフン（-）で区切られた各部分を言います。（例 mu-se-um）

2) 接尾辞で見分ける

接尾辞を手がかりにアクセントの位置を見分けることができます。大きく以下のタイプに分けることができます。

①**接尾辞にアクセントがあるタイプ**

-ee/-een/-eer/-oo/-oon など母音が重なっているもの
例）a-sléep, a-grée, be-twéen, thir-téen, ca-réer, en-gi-néer, sham-póo, kan-ga-róo, bal-lóon
（※例外 commíttee）

-ade/-ice/-igue/-ique/-ere で終わる単語

例) in-váde, pa-ráde, en-vi-ron-, po-líce, fa-tígue, u-níque, tech-níque, se-vére, sin-cére

②**直前の母音にアクセントがある接尾辞**

-ic/-ical/-ion/-ety/-sive/-ical/-logy/-ience などで終わる単語

例) ag-grés-sive, ex-pén-sive, bi-ól-o-gy, ex-pé-ri-ence
(※例外 tél-e-vi-sion)

③**最後から 3 番目の母音にアクセントがある 3 音節以上の単語**

-my/ -phy/-graph/-ize/-ate/-ism/-ous などで終わる単語

例) e-cón-o-my, bi-óg-ra-phy, phó-to-graph, ém-pha-size, ór-gan-ize, ap-pró-pri-ate, óp-er-ate, fór-tu-nate, méch-a-nism, cóm-mu-nism, sé-ri-ous
(※例外 de-lí-cious)

④**アクセントの位置に無関係な接尾辞**

-ing/-ed/-ly/-ment/-ful/-ness/-less などで終わる単語

単語にこれらの語尾がついてもアクセントの位置は変わりません。

例) suc-céss → suc-céss-ful
　　mánage → mánagement

3) サイレントの e

子音＋母音＋子音＋ e の 4 文字の単語では、母音をアルファベットの名前読み（エイ、アイ、ユーなど）をし、e の音を発音しないという発音のルールがあります。

例) name: 子音 n に a をアルファベット読みして「エイ」、子音 m の音で「ネイム」。

bike: 子音 b に i をアルファベット読みで「アイ」、子音の k の音で「バイク」。

②注意すべきカタカナ化した英語

カタカナ語として日本語に定着しているものは、アクセントや発音が英語と異なるものが多いので注意しましょう。

ここでは、アクセントの位置に注意しながら、日本語の意味も覚えていきましょう。

☐	ímage [ímɪdʒ] イメージ	
☐	vólume [vá:ljəm] ボリューム、量	
☐	ínterval [íntərvl] インターバル	
☐	evént [ɪvént] イベント、出来事	
☐	álphabet [ǽlfəbet] アルファベット	
☐	pórtrait [pɔ́:rtrət] ポートレート	
☐	páttern [pǽtərn] パターン	
☐	énergy [énərdʒi] エネルギー	
☐	advíce [ədváɪs] アドバイス	
☐	álcohol [ǽlkəhə:l] アルコール	
☐	ámateur [ǽmətʃuər] アマチュア	

☐	chócolate [tʃɑ:kələt] チョコレート	
☐	élevator [éləveitər] エレベーター	
☐	éscalator [éskəleitər] エスカレーター	
☐	bálance [bǽləns] バランス	
☐	órchestra [ɔ́:rkəstrə] オーケストラ	
☐	tálent [tǽlənt] タレント、才能	
☐	canóe [kənú:] カヌー	
☐	pýramid [pírəmɪd] ピラミッド	
☐	súpermarket [sú:pərmɑ:rkət] スーパーマーケット	
☐	bóycott [bɔ́ɪkɑ:t] ボイコット	
☐	idéa [aɪdí:ə] アイディア	

英語 レッスン 01 アクセントと発音

☐	cálendar [kǽləndər] カレンダー	
☐	óperator [ɑ́:pəreɪtər] オペレーター	
☐	percéntage [pərséntɪdʒ] パーセンテージ	
☐	mánager [mǽnɪdʒər] マネージャー	

☐	muséum [mju(:)zí:əm] 博物館	
☐	módern [mɑ́:dərn] 現代の	
☐	tobácco [təbǽkou] タバコ	
☐	cátalog [kǽtəlɔ̀:g] カタログ	

③スペリングと発音のルール

過去の出題パターンとして、同じスペリングで発音が異なるものを問う問題が多く出題されています。以下の発音のルールを覚えておきましょう。

1) 母音字2字の発音

☐	ea	[i:]	eat（食べる） sea（海） speak（話す） tea（紅茶）
		[e]	death（死） head（頭） health（健康） ready（用意）
☐	oo	[u:]	cool（涼しい） food（食べ物） school（学校） tool（道具）
		[ʊ]	book（本） cook（料理） foot（足） wool（羊毛）

2) 子音の発音

☑	th	[θ]	thank（感謝） think（思う） south（南）
		[ð]	than（～よりも） this（この） southern（南の）
☑	c	[k]	cat（猫） cold（冷たい） cup（カップ） clock（時計） cry（泣く） logic（理論） magic（魔法） music（音楽）
☑	g	[g]	again（再び） go（行く） gun（拳銃） glad（うれしい） great（偉大な） bag（バッグ） fog（霧）
☑	ch	[k]	school（学校） chemistry（化学） chorus（合唱） coach（コーチ） character（特徴）
		[tʃ]	check（調べる） chase（追いかける） chamber（会議所） charity（慈善）
		[ʃ]	machine（機械）

ここでチャレンジ！演習問題

No.1 次の単語のうち、第1音節に最も強いアクセントがあるものはどれか。
(1) ad-vice
(2) how-ev-er
(3) mu-se-um
(4) ex-pen-sive
(5) head-ache

正答：(5)
解説：(1) ×　ad-více [əd-váɪs]
　　　(2) ×　how-év-er [haʊ-év-ər]
　　　(3) ×　mu-sé-um [mju(:)-zíː-əm]
　　　(4) ×　ex-pén-sive [ɪks-pén-sɪv]
　　　(5) ○　héad-ache [héd-èɪk]

No.2 次の単語のうち、第1音節に最も強いアクセントがあるものはどれか。
(1) for-ev-er
(2) av-er-age
(3) com-pare
(4) suc-cess-ful
(5) en-vi-ron-ment

正答：(2)
解説：(1) ×　for-év-er [fər-év-ər]
　　　(2) ○　áv-er-age [ǽv-ər-ɪdʒ]
　　　(3) ×　com-páre [kəm-péər]

(4) × suc-céss-ful [sək-sé-sfl]
(5) × en-ví-ron-ment [ɪn-váɪ-ərn-mənt]

(1) の forever は、however と同様に -ev の位置にアクセントがある。他に、never や whatever, whenever, whichever なども同じ位置にアクセントがある。
(4) の successful は success「成功」の形容詞。カタカナとして定着しているが、英語ではアクセントの位置が異なるので注意しよう。-ful は、アクセントの位置を変えない接尾辞なので第2音節にアクセントがくる。

No.3 次の単語の組合せのうち、下線部の発音が同じものはどれか。
(1) event ─ everybody
(2) home ─ honey
(3) teach ─ technology
(4) hide ─ high
(5) reason ─ goose

正答：(4)
解説：(1) × event [ɪvént]　　everybody [éribá:di]
　　　(2) × home [hóum]　　honey [hʌ́nɪ]
　　　(3) × teach [tíːtʃ]　　technology [teknʌ́ədʒi]
　　　(4) ○ hide [háɪd]　　htigh [háɪ]
　　　(5) × reason [ríːzn]　　goose [gúːs]

(2) の home と (4) の hide はサイレント e のルール。
(3) ch は、上記のようにチ [tʃ] とク [k] の場合と例外的にシ [ʃ] の場合がある。
(5) の s も reason のように [z] と濁る場合と、goose の [s] のように濁らない場合がある。

レッスンの Point
重要度 ★★★

形容詞の反意語の組み合わせや、派生語などは、必ず出題される分野である。しっかりと確認しておこう！

　反意語とは、その言葉に対して反対の意味を持つ語のことで、組み合わせで覚えておくことが大切です。**派生語**については、同じ語源の名詞、形容詞、動詞、副詞など異なる品詞の語や、名詞の単数形と複数形、動詞の現在形、過去形、過去分詞、形容詞・副詞の原級、比較級、最上級などにも多く触れておきましょう。

1 形容詞の反意語

☐	big, large（大きい）	⇔ small（小さい）
☐	clever（利口な） smart（頭のよい） wise（賢い）	⇔ foolish（愚かな） stupid（ばかげた）
☐	cold（冷たい）	⇔ hot（熱い、暑い）
☐	cool（涼しい）	⇔ warm（暖かい）
☐	dangerous（危険な）	⇔ safe（安全な）
☐	difficult（難しい）	⇔ easy（簡単な）
☐	fat（太った）	⇔ slim（ほっそりとした） skinny（やせこけた）

☑	distant（遠い） far（離れた）	⟷	near（〜に近く） close（接近した）
☑	female（女性）	⟷	male（男性）
☑	good, great（良い）	⟷	bad（悪い） terrible（恐ろしい） awful（不快な）
☑	heavy（重い）	⟷	light（軽い）
☑	high, tall（高い）	⟷	low, short（低い、短い）
☑	narrow（狭い）	⟷	wide（広い）
☑	noisy（騒がしい）	⟷	quiet, silent（静かな）
☑	rich, wealthy（金持ちの、裕福な）	⟷	poor（貧乏な）
☑	right, correct（正しい）	⟷	wrong（誤っている）
☑	strong（強い）	⟷	weak（弱い）
☑	thick（厚い）	⟷	thin（薄い）
☑	true（真実の）	⟷	false（間違った）
☑	simple（単純な）	⟷	complex（複雑な）

2 派生語

	動詞	名詞	形容詞	副詞
☑	advance (進む)	advantage (有利) advance (前進)	advantageous (〜に有利な)	advantageously (有利に)
☑	advise (忠告する)	advice (助言、忠告) adviser (助言者)	advisory (助言的な)	―
☑	explain (説明する)	explanation (説明)	explanatory (説明的な)	explanatorily (説明的に)
☑	fail (失敗する)	failure (失敗)	failed (失敗した)	―
☑	nationalize (国有化する)	nation (国、国家) nationality (国籍)	national (国家(国民)の)	nationally (国家(国民)的に)
☑	oppose (反対する)	opposition (反対、抵抗) opponent (相手、敵)	opposite (反対側の)	oppositely (反対の位置に)
☑	―	poverty (貧乏)	poor (貧しい)	poorly (下手に、貧しく)
☑	please (喜ばせる)	pleasure (喜び)	pleasant (楽しい、好ましい) pleasing (喜びを与える)	pleasantly (楽しく) pleasingly (楽しく、満足して)

動詞	名詞	形容詞	副詞
―	safety （安全）	safe （安全な）	safely （安全に）
speak （話す）	speech （演説） speaker （演説者）	speaking （話し言葉の）	―
―	truth （真実）	true （真実の）	truly （本当に）
treat （扱う）	treatment （治療、取扱い） treaty （条約、協定）	―	―
use （使う）	use （使用） usage （使い方） user （使用者）	useful （有利な） useless （役に立たない）	usefully （有効に）

派生語とは、ある１つの単語の形が変化してできた単語のことです。
語源から、単語の意味を連想することができれば、単語力がより一層身につきます。

③ 名詞をつくる接尾辞

	接尾辞	例	
☑	-tion	connect（動詞） communicate（動詞）	connection（名詞） communication（名詞）
☑	-ness	happy（形容詞） kind（形容詞）	happiness（名詞） kindness（名詞）
☑	-ment	develop（動詞） supply（動詞）	development（名詞） supplement（名詞）

④ 形容詞をつくる接尾辞

	接尾辞	例	
☑	-ous	danger（名詞） fame（名詞）	dangerous（形容詞） famous（形容詞）
☑	-ful	beauty（名詞） wonder（名詞）	beautiful（形容詞） wonderful（形容詞）
☑	-ish	boy（名詞） fool（名詞）	boyish（形容詞） foolish（形容詞）

5 副詞をつくる接尾辞

	接尾辞	例	
☑	-ly	careful（形容詞） sudden（形容詞） angry（形容詞）	carefully（副詞） suddenly（副詞） angrily（副詞）

6 名詞の複数形（不規則変化）

名詞を複数形にするときは、通常は**名詞の語尾に「s」**をつけて複数形の形にします。

語尾がsで終わる名詞には「es」、yで終わる名詞にはyをiに変えて「es」をつける、などのルールがあります。

不規則に変化する名詞でよく出題されるものを覚えていきましょう。

	単数形	複数形
☑	man	men
☑	woman	women
☑	foot	feet
☑	tooth	teeth
☑	mouse	mice
☑	child	children

7 動詞の活用（不規則変化）

　動詞は、原形・過去形・過去分詞に語形変化し、これを**動詞の活用**といいます。規則的に活用するものには、**原形に -ed** をつけますが、不規則に変化するものも多くありますので、覚えていきましょう。

① 過去形と過去分詞が同じもの

	原　形	過去形	過去分詞
☑	buy	bought	bought
☑	make	made	made
☑	say	said	said

② 原形と過去形と過去分詞がいずれも異なるもの

	原　形	過去形	過去分詞
☑	begin	began	begun
☑	give	gave	given
☑	speak	spoke	spoken

③ 原形と過去分詞が同じもの

	原　形	過去形	過去分詞
☑	become	became	become
☑	come	came	come
☑	run	ran	run

④ 原形と過去形と過去分詞が同じになるもの

	原　形	過去形	過去分詞
☑	cut	cut	cut
☑	hit	hit	hit
☑	put	put	put

⑤ be 動詞の語形変化

	原形	現在形	過去形	過去分詞
✓	be	am, is	was	been
		are	were	

ここでチャレンジ！演習問題

No.1 次の単語の組合せのうち、反意語の組合せとして正しいものはどれか。
(1) accept ── receive
(2) sad ── weak
(3) rich ── wealthy
(4) thin ── thick
(5) female ── woman

正答：(4)
解説：(1) ×　accept「受け入れる」receive「受け取る」
(2) ×　sad「悲しい」反意語に happy などがある。
(3) ×　rich, wealthy は「裕福な」でほぼ同意語。反意語は poor など。
(4) ○　thin「薄い」⇔ thick「厚い」
(5) ×　female と woman はどちらも「女性」を表す。反意語はそれぞれ male, man。

No.2 AとBの関係が、CとDの関係と同じものは次のうちどれか。

	A	B	C	D
(1)	fly	flew	sing	sung
(2)	wolf	wolves	leaf	leaves
(3)	explain	explanation	sincere	sincerely
(4)	habit	habitual	know	knowledge
(5)	many	more	little	least

正答：(2)

解説：(1) ×

　　　　A：fly（動詞の原形）　　B：flew（動詞の過去形）
　　　　C：sing（動詞の原形）　　D：sung（動詞の過去分詞）

(2) ○

　　　どちらも、名詞の単数形と複数形。

(3) ×

　　　　A：explain（動詞）　　B：explanation（名詞）
　　　　C：sincere（形容詞）　　D：sincerely（副詞）

(4) ×

　　　　A：habit（名詞）　　B：habitual（形容詞）
　　　　C：know（動詞）　　D：knowledge（名詞）

(5) ×

　　　　A：many（形容詞の原級）　B：more（形容詞の比較級）
　　　　C：little（形容詞の原級）　D：least（形容詞の最上級）

単語の関係が問われる問題では、派生語の知識が必要になります。

レッスンのPoint

重要度 ★★☆

比較の不規則変化は、語の関係の組み合わせ問題で最頻出である。しっかりと覚えていこう。

比較とは、対象を何かと比べる表現です。形容詞や副詞を「同じくらい～だ」、「…より～だ」、「最も～だ」のように表します。

1 比較級、最上級の基本

1)「比較級」基本のつくりかた

① **-er をつける**

cold → colder　small → smaller
easy → easier　big → bigger
large → larger

② **3音節以上の長めの語は、前に more をつけて比較級をつくる**

difficult → more difficult

2)「最上級」基本のつくりかた

① **-est をつける**

cold → coldest　small → smallest
easy → easiest　big → biggest
large → largest

② **3音節以上の長めの語は、前に most をつけて最上級をつくる**

difficult → most difficult

217

語尾が y の単語は、y を i に変えて er や est をつけます。また、big など、語尾の前に短母音があるときは子音字を重ねます。large のように、語尾が e で終わる単語は r や st だけをつけます。

このように、比較級・最上級をつくる際は**語尾に注意が必要です**。

2 不規則変化をする形容詞・副詞

原　級	比較級	最上級
good，well	better	best
bad，ill	worse	worst
many，much	more	most
little	less	least

3 覚えておきたい比較級の表現

比較級を用いたさまざまな表現があります。頻出の表現を例文で覚えておきましょう。

as 原級 as	同じくらい〜

My sister is as tall as my mother.
姉は、母と同じくらいの身長だ。

Bob runs as fast as Peter.
ボブはピーターと同じくらい速く走る。

比較級 and 比較級 — ますます〜

It gets hotter and hotter.
どんどん暑くなります。

The situation is getting better and better.
状況はますます良くなっている。

比較級 than … — …より〜だ

Bob runs faster than Peter
ボブはピーターより速く走る。

This test is more difficult than the last test.
このテストは前回のより難しい。

the 比較級…, the 比較級〜 — …すればするほどますます〜だ

The more he practiced, the better he played the piano.
彼は練習すればするほど、ピアノを上手に弾けた。

The longer I stayed there, the more I disliked the place.
そこに長くいればいるほど、ますますそこが嫌いになった。

the 最上級 in/of … — …の中で最も〜だ

My sister is the tallest in my family.
姉は家族の中で最も背が高い。

Bob runs fastest of the three boys.
ボブはその3人の男の子の中で最も速く走る。

not so much A as B	A というよりはむしろ B

He is not so mush a scholar as a teacher.
彼は学者というよりもむしろ教師だ。

The book is not so much an essay as a novel.
この本は、随筆というよりはむしろ小説だ。

more B than A	A というよりはむしろ B

The fruits are more fresh than delicious.
この果物は美味しいというよりむしろ新鮮だ。

4 比較級の後に to を用いるもの

ほとんどが、語尾が -ior で終わるという特徴があります。

junior to…	…より年下だ

Bob is three years junior to me.
ボブは私より 3 歳年下だ。

senior to…	…より年上だ

I am three years senior to Bob.
私はボブより 3 歳年上だ。

inferior to…	…より劣った

This computer is inferior to my computer in quality.
このコンピューターは質の点で私のより劣っている。

superior to…	…より優れた
This computer is superior to my computer in quality. このコンピューターは質の点で私のより優れている。	

prefer A to B	BよりAが好きだ
I prefer reading English to writing English. 私は英語を書くより読むほうが好きだ。	

● ここでチャレンジ！演習問題 ●

No.1 下の和文を（　）内の単語を並べかえて英訳するとき、（　）内で4番目に来る単語は次のうちどれか。ただし、文頭に来る単語の頭文字も小文字になっている。

あなたは東京と大阪ではどちらが好きな都市ですか。
(like, which, you, do, better, city) , Tokyo or Osaka?

(1) like　(2) which　(3) you　(4) do　(5) city

正答：(3)

解説：正しい並びは、(Which city do you like better), Tokyo or Osaka? となる。

Which do you like better, A or B?「AとBどちらが好きですか」「Aのほうが好き」と答えるときは、I like A better. となる。

No.2 次の各英文の和訳が正しいものはどれか。

(1) The higher we climb, the colder it gets.
我々は高いところに登ると、風邪をひきやすくなります。

(2) No one is taller than Mary in her class.
メアリーはクラスで一番背が低い。

(3) She is five years senior to me.
彼女は私より5歳年下です。

(4) This cloth is more pretty than comfortable.
この服は、着心地がいいというよりかわいい。

(5) He is not so much an announcer as a journalist.
彼はジャーナリストというよりむしろアナウンサーだ。

正答：(4)
解説： (1) ✕ 正しくは、「高いところに登れば登るほど、気温が低くなります」

(2) ✕ 「誰もいない人 (no one) がメアリーより背が高い」→「メアリーより背が高い人はいない」→「メアリーが一番背が高い」という意味になる。

(3) ✕ 正しくは、「彼女は私より5歳年上です」

(4) 〇 more 〜 than …で、「…より〜だ」

(5) ✕ 正しくは、「彼はアナウンサーというよりはむしろジャーナリストだ」

No.3 次の英文の組合せのうち、2つの文の意味が<u>異なっているもの</u>はどれか。

(1) Tom is much younger than Jhon.
　　John is much older than Tom.
(2) I like summer better than winter.
　　I prefer summer to winter.
(3) He is not so much an actor as a singer.
　　He is a singer as well as an actor.
(4) I've never seen such a beautiful garden as this.
　　This is the most beautiful garden that I've ever seen.
(5) Nothing is more precious than time.
　　Time is more precious than anything else.

正答：(3)
解説：(1) ○　上段：「トムはジョンよりずっと若い」
　　　　　　　下段：「ジョンはトムよりずっと年をとっている」
　　　　　　　比較級の前に much をつけると比較級を強調し「ずっと、はるかに〜だ」となる。
　　　(2) ○　上段：「私は冬より夏が好きです」
　　　　　　　下段：「私は冬より夏のほうが好きです」
　　　(3) ×　上段：「彼は、俳優というよりも、歌手だ」
　　　　　　　下段：「彼は、俳優というだけでなく、歌手でもある」
　　　　　　　A as well as B で、「B だけでなく A も」
　　　(4) ○　上段：「私はこんなに美しい庭を見たことがありません」
　　　　　　　下段：「この庭は、私が今まで見た中で最も美しい庭です」
　　　(5) ○　上段：「時間ほど貴重なものはない」
　　　　　　　下段：「時間は、他のどんなものよりも貴重である」

レッスンの Point
重要度 ★★

前置詞に関する問題は、ほぼ毎回出題されている。確実に覚えていこう！

前置詞は、原則として**名詞・名詞相当句の前**に置かれます。
1語で前置詞となるものや、2語以上でまとまって前置詞の働きをするものもあります。前置詞を含む慣用表現なども、しっかりと覚えていきましょう。

① 覚えておきたい前置詞句

☐	**owing to ～**	～のために
	Owing to a previous engagement, I won't be able to attend the party. 先約があるために、私はそのパーティーに出席できないでしょう。	
☐	**have nothing to do with ～**	～と何の関係もない
	He has nothing to do with the matter at all. 彼はその問題とは何の関係もない。	
☐	**in front of ～**	～の前で、正面で
	The house is in front of the station. その家は、駅前にあります。	

because of ～	～のために（理由）
Because of the rain, we didn't play football. 雨のために、私たちはサッカーが出来なかった。	

a lot of ～	たくさんの～
I had a lot of fun yesterday. 私は、昨日とても楽しんだ。	

be good at ～ ing	～が得意だ
She is good at playing the piano. 彼女はピアノが得意だ。	

be proud of ～ ing	～を誇りに思う
They were proud of their beautiful jewels. 彼らは、彼らの美しい宝石を誇りに思っていた。	

他にも、以下のものも覚えておきましょう。

apart from ～	～から離れて
by means of ～	～によって（手段）
due to ～	～のために（理由）
for the purpose of ～	～のために（目的）
in addition to ～	～に加えて

☑	in case of ~	~の場合には
☑	in favor of ~	~に賛成して
☑	in spite of ~	~にもかかわらず
☑	instead of ~	~の代わりに
☑	on account of ~	~のために（理由）
☑	thanks to ~	~のおかげで
☑	be fond of ~	~が好きだ
☑	looking forward to ~	~を楽しみにしている

2 受動態で用いられる前置詞

　受動態とは、「**~される**」という受け身表現です。

　たとえば、Tatsuno Kingo built the Tokyo station. のように、人を話題にしている場合は人が主語になりますが、駅を話題にしている場合は、This station was built by a famous architect, Tatsuno Kingo. と駅を主語にしたほうが自然な流れになります。このように主語が何かによって「~される」という表現が受動態で、**be 動詞＋過去分詞**で表します。このとき、動作主を明らかにする場合は **by ~** と続けます。

　ただし、by ~ を用いない例外もあるので、例外の前置詞について次のものを覚えておきましょう。

	be filled with ~	~で満たされる
☑	The vase is filled with flowers. 花びんは、花で満たされています。	
	be shocked (at/about) ~	~にショックを受ける
☑	We were shocked at the news. 私たちは、そのニュースにショックを受けました。	

他にも、以下のものも覚えておきましょう。

☑	be interested in ~	~に興味を持つ
☑	be tired of ~	~に飽きる
☑	be known for ~	~で知られている
☑	be famous for ~	~で有名な
☑	be confused with (at/about) ~	~に混乱する
☑	be excited (at/about) ~	~に興奮する
☑	be surprised (at/by) ~	~に驚く
☑	be pleased with ~	~に満足する、~が気に入る
☑	be satisfied with ~	~に満足する

3 手段、道具、時などを表す前置詞

with ［道具を表す］

「〜を用いて」という意味になります。

What did you open the door with?
何を用いてこのドアを開けましたか。

We write with a pen.
私たちはペンで書きます。

by ［手段を表す］

「〜で」という意味になります。by bus（バスで），by car（車で），by train（電車で）などで表します。

by ［差を表す］

差を強調した表現になります。

My brother is younger than me by two years.
弟は私より2歳年下だ。

in ［着用を表す］

身につけている状態を表します。

He is in a blue shirt.
彼は青いシャツを着ている。

on, in, at ［時を表す］

月・年・季節は **in**、日は **on**、時刻は **at** で表します。

We met him at three on Monday.
私たちは月曜日の3時に彼と会いました。

Their wedding party was held on July 7th in 1999.
彼らの結婚パーティーは1999年の7月7日に開かれた。

ここでチャレンジ！演習問題

No.1 次の英文のうち、（　）内に for が入るものはどれか。
(1) It is kind (　) you to help me.
(2) The vase is filled (　) flowers.
(3) Look (　) your child sick in bed.
(4) The temple is famous (　) its garden.
(5) I'm sorry (　) have kept you waiting.

正答：(4)
解説：(1) be kind (of)「親切な」
(2) be filled (with) ～「～で満たされた」
(3) look (at) ～「～を見る」
(4) be famous (for) ～「～が有名な」
(5) be sorry (to) ～「～してすみません」

No.2 次の英文のうち、（　）内に with が入らないものはどれか。
(1) (　) all his money, he still isn't happy.
(2) He helped me (　) my homework yesterday.
(3) What did you open the door (　) ?
(4) Owing (　) a previous engagement, I won't be able to attend the party.
(5) He has nothing to do (　) the matter at all.

正答：(4)
解説：(1) (with) all ～「～にもかかわらず」
(2) help (with) ～「人の～を手伝う」　(3) 道具を表す「with」
(4) Owing (to) ～「～のために」
(5) nothing to do (with) ～「～とは何の関係もない」

No.3 次の英文のうち、(　) 内に of が入らないものはどれか。

(1) The house is in front (　) the station.
(2) What kind (　) sports do you like?
(3) Because (　) the rain, we didn't play football.
(4) I had a lot (　) fun yesterday.
(5) I go to school (　) bus.

正答：(5)

解説：(1) in front (of) 〜「〜の前に」
　　　(2) What kind (of) 〜「どんな種類の〜」
　　　(3) Because (of) 〜「〜のために、〜が原因で」
　　　(4) a lot (of) 〜「たくさんの〜」
　　　(5) (by) bus　手段を表す「by」

⊙ 前置詞 of

ここが重要ポイント

　前置詞 of は、意味範囲が広く、よく出現する単語だ。
　基本イメージとしては、**全体から一部が分離しつつ関係性を保っている**、という状態を考えよう。
　たとえば、a cup of coffee も、コーヒー（全体）から、一杯分（一部）が分離して、関係を保っている、というイメージである。
　英語習得において、イメージを持つことはとても重要である。

レッスン 05 助動詞

レッスンの Point　重要度 ★★★

助動詞は、出題頻度が高く、英文を理解するのに大変重要な項目だ。しっかり整理していこう。

助動詞は、動詞を助け、動詞の表現の幅を広げる役割を持ちます。
また、1つの助動詞でも、複数の意味を持つものがあります。場面に応じてどの意味がふさわしいか日本語の意味を想像できるようにしましょう。

1 助動詞の特徴

①助動詞は、動詞と一緒に「助動詞＋動詞」の形で用いられ、助動詞の後には、動詞の原形が続きます。

　　She speaks Japanese.
→ She can speak Japanese.

②助動詞は、2つ続けて用いることはできません。他の書き換え表現を用いることができます。

　　× The boy will can swim soon.
→ ○ The boy will be able to swim soon.

2 主な助動詞

代表的な助動詞を、例文と一緒に覚えていきましょう。特に、複数の意味を持つ助動詞は、確実におさえていきましょう。

can（過去形：could）

能力・可能「できる」（= be able to）

I can play the piano.
私はピアノを弾ける。

可能性・推量「ありうる、かもしれない」

Anyone can make mistakes.
誰にでも間違いはありうる。

can not は「～のはずがない」という意味になります。
She cannot be the famous singer.
彼女が有名な歌手のはずがない。

許可・依頼「してもよい」

You can use my pen.
私のペンを使ってもいいですよ。
Can I sit here?
（私は）ここに座ってもいいですか。

could を用いるとさらに丁寧になります。
Could I sit here ?
（私は）ここに座ってもよろしいですか？

may（過去形：might）

推量・可能性「かもしれない」

It may snow tomorrow.
明日雪が降るかもしれない。

might を用いると可能性が低くなります。
It might snow tomorrow.
明日、ひょっとしたら雪が降るかもしれない。

許可・依頼「してもよい」

May I have your name?
あなたのお名前をお伺いしてもよいですか。

must

義務「しなければならない」

You must come home by five.
5時までに帰って来なければいけません。

must not は「してはいけない」という禁止になります。
You must not use your dictionary.
辞書を使ってはいけません。

確信「に違いない」

Kate must be at school now.
ケイトは今学校にいるに違いない。

You must be very hungry.
あなたはとてもお腹がすいているに違いない。

will（過去形：would）

話し手の推測 「だろう」

It will rain tomorrow.
明日は雨が降るだろう。

意志 「するつもり」（=be going to）

I will visit you.
私はあなたを訪ねるつもりです。

依頼 「してくれませんか」

Will you close the door?
ドアを閉めてくれますか。

would を用いるとさらに丁寧になります
Would you pass me the salt?
塩をとっていただけませんか。

should

義務・当然 「すべきだ」「したほうがよい」（= ought to）

You should go home.
（あなたは）家に帰ったほうがいい。

否定形は ought not to で表します。
You ought not to go home.
（あなたは）家に帰らないほうがいい。

need

必要「する必要がある」

助動詞としての need は、否定文と疑問文で使われます。

You need not go to the hospital.
その病院に行く必要はない。

have to

義務「しなければいけない」

You have to get up early tomorrow.
あなたは明日早起きをしなければならない。

don't have to は「〜する必要がない」という意味になります。
You don't have to read this book.
あなたはこの本を読む必要がない。

⊙ must と have to

両者ともに、「しなければいけない」という義務を表すが、**must のほうがより強い命令的な意味**を含む。not が入ると、**must not**「〜してはいけない」、**don't have to**「する必要がない」となり意味が異なってくるので、よく覚えておこう。

had better

命令「しなさい」

You had better leave this room right now.
今すぐこの部屋から出て行きなさい。

忠告「したほうがよい」

You had better go home.
（あなたは）家に帰ったほうがよい。

否定形は had better not で表します。

You had better not go alone.
（あなたは）一人で行かないほうがいい。

would like to do

控えめな希望 「〜したいのですが」

want to do「〜したい」より丁寧で控えめな表現になります。

I would like to come with you.
私はあなたと一緒に行きたいのですが。

used to

過去の習慣「以前は〜だったものだ」

過去の長期の習慣を表し、現在はそうではないという対比を表します。

We used to go fishing on weekend.
週末には釣りに行ったものだった。

would often

過去の習慣「よく〜したものだ」

used to よりも、短期の不規則な習慣を表します。
I would often take a boat at this park as a child.
子どものころよくこの公園でボートに乗ったものだ。

⊙ used to の表現

ここが重要ポイント

助動詞の **used to** は**過去**を表し、to の後は**動詞の原形**が入る。
一方、形容詞としての used の場合、be used to 〜「〜に慣れている」や、get used to 〜「〜に慣れる」など、to の後は**動名詞**や**名詞**が入る。よく似た間違いやすい表現なので、覚えておこう。

ここでチャレンジ！演習問題

No.1 次の英文の和訳のうち、誤っているものはどれか。

(1) I don't have to help my father.
　私は父を手伝う必要はありません。
(2) The lady must be her sister.
　あの女性は彼女のお姉さんに違いない。
(3) He must not eat breakfast today.
　彼は今朝は朝食を食べなければいけない。
(4) Mary cannot be cooking.
　メアリーが料理をしているはずがない。
(5) You will be able to solve the problem.
　あなたは、その問題を解決できるでしょう。

正答：(3)

解説：(1) ○　don't have to 〜「〜する必要はない」
　　　(2) ○　must be 〜「〜に違いない」
　　　(3) ×　must not 〜「〜してはいけない」
　　　　　　正しくは「彼は今朝は朝食を食べてはいけない」
　　　(4) ○　can not be「〜のはずがない」
　　　(5) ○　be able to「〜できる」

No.2 次の英文の和訳のうち、誤っているものはどれか。

(1) I would have you know this.
　　あなたはこれを知っていると思っていました。
(2) I have been to Kyoto many times.
　　私は京都に行ったことが何度もある。
(3) I used to catch the first train in those days.
　　私は当時始発列車に乗ったものです。
(4) I had better do my homework now.
　　私は今宿題をした方がいいですね。
(5) There can be only fifty people in this room at most.
　　この部屋には、多くとも50人しか入ることができない。

正答：(1)
解説：(1) ×　have 人 ～「人に～させる」
　　　　　　正しくは「私はあなたにこれを知らせるだろう」
　　　(2) ○　have been to ～「～へ行ったことがある」
　　　(3) ○　used to ～「以前は～したものだった」
　　　(4) ○　had better ～「～したほうがいい」
　　　(5) ○　at most「多くとも」

have been to

ここが重要ポイント

have been to は、「**～へ行ったことがある**」という**経験**を表すほか、「～へ行ってきたところだ」という完了の意味を表すこともあるので注意しよう。
たとえば、
　I have been to Tokyo station to see my daugter off.
　私は娘を見送りに東京駅に行ってきたところです。

No.3 次の英文の組合せのうち、2つの文の意味が同じものはどれか。

(1) He cannot be a singer.
　　He may be a singer.
(2) We are able to go to the beach.
　　We had better go to the beach.
(3) It is natural for him to do so.
　　He cannnot have done so.
(4) It was so dark that we could see nothing.
　　We were able to see something though it was very dark.
(5) Lots of dogs can be seen in the park.
　　We can see a lot of dogs in the park.

正答：(5)
解説：(1) × 上段：「彼は歌手であるはずがない」
　　　　　　下段：「彼は歌手かもしれない」
　　　(2) × 上段：「私たちはビーチに行くことができる」
　　　　　　下段：「私たちはビーチに行くほうがよい」
　　　(3) × 上段：「彼がそうするのは当然だ」
　　　　　　下段：「彼はそうしたはずがない」
　　　(4) × 上段：「とても暗かったので、私たちは何も見ることができなかった」
　　　　　　下段：「とても暗かったが、私たちは何か見ることができた」
　　　(5) ○ 上段：「公園内では、たくさんの犬が見られます」
　　　　　　下段：「私たちは、公園でたくさんの犬を見ることができます」

レッスン 06 不定詞と動名詞

レッスンの Point

重要度 ★★★

不定詞と動名詞は特徴がよく似ており、混同して間違いやすい部分である。しっかりとおさえていこう！

1 不定詞の特徴

不定詞は、「to ＋動詞の原形」であらわします。3つの用法があり、文の中で、1. 名詞的な役割「〜すること」、2. 副詞的な役割「〜するために」、3. 形容詞的な役割「〜するための」を持ちます。しっかりと覚えていきましょう。

1. 名詞的用法

「〜すること」という意味を持ち、文の中で名詞と同じように使うことができます。

I like to play tennis.
私はテニスをすることが好きです。
I want to eat an apple.
私はりんごを食べたい（りんごを食べることをしたい）です。

2. 副詞的用法

「〜するために」という意味を持ち、文の中で副詞の役割をし、動詞を説明します。

I came to see him.
彼に会うために来ました。
不定詞部分が「来た」という動詞を説明している副詞的用法です。

3. 形容詞的用法

「～するための」「～するべき」という意味で、名詞を説明する形容詞の役割をしています。

　Do you have something to eat?
　何か食べ物を持っていますか。

　不定詞部分が、名詞 something を説明し「食べるための」となり、something の形容詞として機能しています。

4. 不定詞の否定形

不定詞の否定形は to の直前に否定語を置きます。

She told us not to sing loudly here.
彼女は私たちにここで大声で歌わないように言いました。

名詞的用法の不定詞は、動名詞と同じように動詞の目的語として用いられますが、それぞれ特徴がある。**不定詞**は、「**これから起きること**」「**実現していない未来**」を表し、**動名詞**は「**すでに実現してること**」「**繰り返し行っていること**」を表すという性質があるので頭にいれておこう。

②形式主語　「It is ～ to do」

英語は、**主語が長いのを好まない**という傾向があります。下記の例文を見てみましょう。

　To use a computer is difficult.
　コンピューターを使うのは難しい。

上記のような文は、主語になっている不定詞部分を it に置き換えて、不定詞を文の後ろに置き、

　→ It is difficult to use a computer.
　と表現するのが一般的です。

また、この場合、誰にとって difficult なのかをはっきりさせるために、「for 人」を加えることができます。
→ It is difficult <u>for my grandmother</u> to use a computer.
祖母にとってコンピューターを使うことは難しい。

このように、It is の後が difficult の場合、〜にとってという結びつきが強くなるため、for が入ります。
It is difficult for you to read this book.
この本を読むのはあなたにとって難しい。

また、It is の後が、人の性質を表す形容詞 kind の場合、「of 人」を加えます。
It is kind of you to help me.
私を助けてくれて、あなたは親切な方ですね。

It is kind of you to drive to the hospital.
病院まで車で送ってくれるなんてあなたは親切だ。

> It is の後に for が入るものとして他に、easy（簡単な）、impossible（不可能な）、usual（普通である）などがあります。

3 覚えておきたい不定詞の言い回し

seem to do 　　　　　　　　　　　　～のように思われる

The lady seems to be a famous movie star.
彼女は有名な映画スターのようだ。

※ It seems that を用いて書き換えた場合。
→ It seems that the lady is a famous movie star.

tell 人 to do / ask 人 to do 　　　　人に～するように言う / 頼む

His mother told him to clean his room.
彼の母親は彼に部屋を掃除するように言った。

I asked the boy to help me.
私はその少年に手伝ってくれるよう頼みました。

look like ～ 　　　　　　　　　　　～のように見える

You look like a cat.
君は猫みたいだ（猫のように見える）。

tell 人 not to do 　　　　　　　　　人に～しないように言う

He told me not to speak.
彼は私に話すなと言った。

allow 人 to do 　　　　　　　　　　人が～するのを許可する

My father doesn't allow me to use his computer.
私の父は自分のコンピューターを私が使うのを許してくれない。

4 原形不定詞（to なし）になる場合

不定詞の言い回しは、動詞 + 人 to do となる形が一般的ですが、動詞が**知覚動詞**または**使役動詞**の場合、不定詞の部分が原形不定詞、つまり to なしの不定詞となることがありますので、注意が必要です。

see 人　原形不定詞	人が〜するのを知覚する
I saw her enter the bank. 私は彼女が銀行に入るのを見た。 I saw him run in the park. 私は彼が公園で走るのを見た。	

make 人　原形不定詞	人を〜させる
His story always makes me laugh. 彼の話はいつも私を笑わせる。	

①知覚動詞（見たり感じたり五感を表す動詞 see, find, hear など）

I saw the man go out of the building. （× to go）
私はその男性が建物から出てくるのを見ました。

I heard my mother call my name. （× to call）
私は母が私の名前を呼ぶのを聞きました。

②使役動詞（人に何かをさせたり、してもらうことを表す動詞 make, have, let など）

My father made me <u>wash</u> his car. (× to wash)
父は私に車を洗わせた（強制）。
The teacher let the students <u>play</u> outside. (× to play)
先生は生徒達を外で遊ばせてやった（許可）。

※ただし、受動態になると原形不定詞ではなく to 不定詞が使われます。

The man <u>was seen</u> <u>to go</u> out of the building. (× go)
My mother <u>was heard</u> <u>to call</u> my name. (× call)

5 不定詞を用いた表現と書き換え表現

不定詞を含む表現とその書き換え表現もよく出題されていますので、しっかりと頭にいれておきましょう。

too ～ to do	あまりに～すぎて…できない

The dog is too old to run.
その犬は年をとりすぎていて走れません。

※ **so ～ that** を用いて書き換えた場合
→ The dog is so old that he cannot run.

～ enough to do	…するのに十分～だ

He was kind enough to help me.
彼は親切にも私を手伝ってくれた。

※ **so ～ that** を用いて書き換えた場合
→ He was so kind that he helped me.

※ **so ～ as to do** を用いて書き換えた場合
→ He was so kind as to help me.

246

6 動名詞の特徴

動名詞は、動詞を〜 ing の形にしたもので、「〜すること」という意味になり、名詞的な性質を持ちます。

①動名詞は、動詞を「〜 ing」で終わる形に変化させたものです。
　play → playing　　take → taking　　stop → stopping

②「〜すること」という意味を持ちます。文の中で名詞と同じように使うことができ、1. 文の主語、2. 動詞の目的語、3. 前置詞の目的語になる場合があります。

〈文の主語〉　　　　Playing the piano is fun!
　　　　　　　　　ピアノを弾くのは楽しい！

〈動詞の目的語〉　　We love eating fruits.
　　　　　　　　　果物を食べるのが大好きです。

〈前置詞の目的語〉　She is good at playing tennis.
　　　　　　　　　彼女はテニスをするのが得意です。

③一部の動詞の目的語になる場合、動名詞と不定詞で意味が異なります。以下の 2 つの文を見てみましょう。

　We stopped to drink water.
　私たちは水を飲むために立ち止まった。

　We stopped drinking water then.
　私たちはその時水を飲むのを止めた。

このように、よく似た文章でも、動名詞と不定詞で意味が異なる場合があります。特に stop to 〜 と stop 〜 ing の表現には注意が必要です。

7 覚えておきたい動名詞の言い回し

mind ～ ing　　　　　　　　　　～するのを気にする、嫌がる

Do you mind giving this message to him?
この伝言を彼に伝えてくれませんか。

※直訳すると、「伝えるのは嫌ですか」となるので、「いいですよ」と答える時は No, not at all. や Of course not. など、No を用います。

there is no ～ ing　　　　　　　　　　～できない

There is no telling when she will arrive.
彼女がいつ来るか、わからない。

※ It is impossible to ～ を用いて書き換えた場合
→ It is impossible to tell when she will arrive.

There is no knowing who is going to win the next race.
次のレースで誰が勝つか知ることはできない。

be used to ～ ing　　　　　　　　　　～するのに慣れている

I am used to making my lunch by myself.
私は自分でお弁当を作るのに慣れています。

It is no use ～ ing　　　　　　　　　　～しても無駄だ

It is no use crying over spilt milk.
こぼれた牛乳を嘆いても無駄だ。(「覆水盆に返らず」)

It is no use cleaning this room.
この部屋を掃除しても無駄だ。

※ It is useful to ～ で反対の意味になります。
It is useful to clean this room.
この部屋を掃除するのは有益だ。

be good at ～ing　　～するのが得意だ、上手だ

He is good at making a person happy.
彼は人を喜ばすのが得意だ。

※ **be not good at ～ing** で反対の意味になります。

He is not good at making a person happy.
彼は人を喜ばすのが不得意だ。

She is good at swimming.
彼女は水泳が得意だ。

She is good at mathematics.
彼女は数学が得意だ。

※ be good at の後には、動名詞の他、名詞を置くこともあります。

look forward to ～ing　　～を楽しみにする

I'm looking forward to seeing her.
私は彼女に会うのを楽しみにしている。

We are looking forward to seeing you again.
再会を楽しみにしています。

prevent A from ～ing　　Aが～するのを妨げる

A storm prevented the plane from taking off.
嵐は、その飛行機が離陸するのを妨げた。

The heavy rain prevented us from going on a picnic.
激しい雨のために、私たちはピクニックに行けなかった。

take off：離陸する

feel like ～ing　　～したい気分だ

I feel like going for a walk.
私は散歩をしたい気分だ。

without ～ ing　　　　　～することなく、～せずに

she doesn't go out without taking her dog.
彼女は犬を連れずに出かけることはない。

be tired of ～ ing　　　　　～するのに飽きる

I'm tired of watcing a movie on TV.
私はテレビで映画を見ることに飽きた。

can't help ～ ing　　　　　～せざるを得ない

I can't help laughing at him.
私は彼を笑わずにはいられない。

on ～ ing　　　　　～するとすぐに

On hearing the news, I was surprised.
その知らせを聞いたとたん、私は驚いた。

※ **as soon as** で書き換えた場合
→ As soon as I heard the news, I was surprised.

on ～ ing で「～するとすぐに」という意味ですが、
in ～ ing だと「～する際に」という意味になります。
Be careful in crossing over the bridge.
橋を渡る際には気をつけなさい。

8 不定詞と動名詞の使い分け

I like to watch TV. と I like watching TV. のように、ほぼ同じ意味で用いられる動名詞と不定詞ですが、動詞によっては目的語に不定詞、動名詞いずれかしか用いることができないもの、不定詞、動名詞では意味が異なるものがあるので注意が必要です。**不定詞は、未実現の未来のことを表し、動名詞は既に起きていることを表す**傾向がありますので、覚えておきましょう。

①不定詞のみを目的語にとる動詞（want, hope, wish, expect など）

I want to visit New York.
ニューヨークに行きたい。

want は「〜したい」と未実現のことについて表現する動詞なので**不定詞のみ**を目的語にとります。I want visiting ×のように動名詞を使うことはできません。hope, wish, expect なども同様に後ろには動名詞ではなく不定詞を用います。

②動名詞のみを目的語にとる動詞（finish, stop, enjoy, give up など）

I finished reading the book.
私はその小説を読み終えました。

既に起きていることしか finish「終える」ことはできないので、**動名詞のみ**を目的語にとり、不定詞を用いることはできません。
他に stop, enjoy, give up, escape なども動名詞のみを目的語にとります。

③目的語が動名詞か不定詞で意味の異なる動詞

以下の例文をそれぞれ見比べてみましょう。

★ remember の場合

I don't remember meeting him.
彼に会ったことを覚えていません。
(既に会っていたことを覚えていない)

Please remember to meet him.
彼に会うのを覚えておいてください。
(まだ会ってない)

★ stop の場合

He stopped smoking.
彼は禁煙しました。
(既に行っていた喫煙を止めた)

He stopped to smoke.
彼はたばこを吸うために立ち止まった。
(不定詞の副詞的用法「〜するために」)

stop 〜 ing と、stop to 〜 の表現は、よく出題されています。意味の違いを、しっかりと覚えておきましょう。

ここでチャレンジ！演習問題

No.1 次の和文を（　）内の単語を並びかえて英訳するとき、（　）内で4番目に来る単語は次のうちどれか。

父は私にコンピューターを使わせてくれません。
My father (me, his, doesn't, use, to, computer, allow).

(1) use　　(2) to　　(3) me　　(4) allow　　(5) computer

正答：(2)
解説：正しい並びは、My father (doesn't allow me to use his computer). となる。
allow 人 to do「人が〜するのを許可する」

No.2 次の和文を（　）内の単語を並べかえて英訳するとき、（　）内で4番目に来るものはどれか。

嵐のために飛行機は離陸できなかった。
A storm prevented (off, from, the, plane, taking).

(1) off　　(2) from　　(3) the　　(4) plane　　(5) taking

正答：(5)
解説：正しい並びは、A storm prevented (the plane from taking off). となる。
prevent A from 〜 ing「Aが〜するのを妨げる」

No.3 次の英文のうち、(　)内に of が入るものはどれか。
(1) It is difficult (　) me to speak English well.
(2) It is not easy (　) him to take care of a baby.
(3) It is so nice (　) you to invite me to your party.
(4) Is it all right (　) me to use your dictionary?
(5) She is good (　) mathematics.

正答：**(3)**
解説：(1) ×　(for)「私が英語を上手に話すのは難しい」
　　　(2) ×　(for)「彼にとって赤ん坊のお世話をするのは簡単ではない」
　　　(3) ○　(of)「パーティに呼んでくれるなんてあなたはとてもいい人ね」
　　　(4) ×　(for)「私はあなたの辞書を使ってもいいですか」
　　　(5) ×　(at)「彼女は数学が得意です」

No.4 次の英文のうち、文法的に正しいものはどれか。
(1) What made you to do a thing like that?
(2) Let me to show you the album.
(3) The boy made the baby to cry.
(4) Let me to explain about the plan.
(5) I would have you know this.

正答：**(5)**
解説：(1) ×　「どうしてそんなことをしたのですか」to do × → do ○
　　　(2) ×　「アルバムを見せてあげましょう」to show × → show ○
　　　(3) ×　「その少年はその赤ん坊を泣かせた」to cry × → cry ○
　　　(4) ×　「その計画について私に説明させて下さい」
　　　　　　to explain × → explain ○
　　　(5) ○　「私はあなたにこれを知らせるだろう」

No.5 次の英文の組合せのうち、2つの文の意味が同じものはどれか。

(1) I was tired of studying English.
Studying English, I was tired.
(2) She didn't want to go to Canada without seeing you.
She didn't want to see you before going to Canada.
(3) As soon as he heard the news, he turned pale.
On hearing the news, he turned pale.
(4) There is no knowing what may happen.
It is possible to know what may happen.
(5) You don't have to read this book.
You must not read this book.

正答：(3)

解説：(1) ×　上段：「私は英語の勉強に飽きた」
　　　　　　下段：「英語を勉強したので、疲れた」
　　　(2) ×　上段：「あなたに会わずして、彼女はカナダに行きたくなかった」
　　　　　　下段：「カナダに行く前に、彼女はあなたに会いたくなかった」
　　　(3) ○　上段：「彼はその知らせを聞くとすぐに、青ざめた」
　　　　　　下段：「その知らせを聞いて、彼は青ざめた」
　　　(4) ×　上段：「何が起きるかはわからない」
　　　　　　下段：「何が起きるか知ることは可能である」
　　　(5) ×　上段：「あなたはこの本を読む必要がない」
　　　　　　下段：「あなたはこの本を読んではいけない」

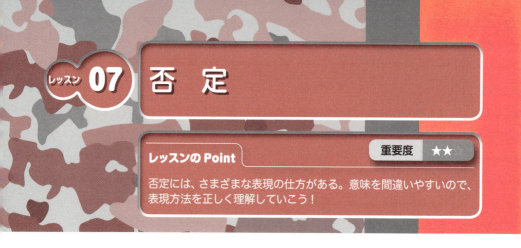

レッスンの Point

重要度 ★★☆

否定には、さまざまな表現の仕方がある。意味を間違いやすいので、表現方法を正しく理解していこう！

　否定表現には、決まったルールがある他、not や never 以外の語を用いた否定表現があります。否定の範囲や程度もいくつかのパターンがありますので、例文で確認して、さまざまな否定表現を覚えておきましょう。

1 全体否定と部分否定

「全く～ない、両方とも～ない」などのように、全体を否定することを**全体否定**といい、「すべてが～というわけではない」などと、一部分を否定することを**部分否定**といいます。

None of the students went on a picnic. （**全体否定**）
生徒は誰もピクニックに行かなかった。

She doesn't always have breakfast. （**部分否定**）
彼女はいつも朝食を食べるわけではない。

否定の範囲について注意しながら、次の例文を見てみましょう。

All of the students went on a picnic.
生徒全員がピクニックに行った。

Not all of the students went on a picnic.
生徒全員がピクニックに行ったわけではなかった。

Not all のように、all（すべて）といった完全性、全体性を表す語を含む否定文は、「すべてが〜というわけではない」と、部分否定になることに注意しましょう。

⦿ 部分否定の表現

完全性、全体性を表す語には、**all、every、always、completely、entirely** などがあり、これらの語を含む否定文は、**部分否定**になる。特に、**always** を用いた部分否定の表現がよく出題されているので、しっかりと覚えておこう。

2 さまざまな否定表現

❶ 不定詞を用いた表現

☑	**the last … to do**	決して〜しない…／最も〜しない…
	直訳すると、「一番最後に〜する…」なので、「最も／決して〜しない…」となります。 She is the last person to tell a lie. 彼女は決して嘘をつかない人です。	
☑	**nothing to do**	〜するものが何もない
	I have nothing to do. すべきことが何もない。 There is nothing to eat. 食べるものが何もない。	

❷ not などの否定の句がない否定表現

little	ほとんどない

☐ There is little milk left in the bottle.
瓶にはほとんどミルクが残っていません。

※間違いやすい和訳として、
「瓶には少しミルクが残っています。」×

few	ほとんどない

☐ Few people were playing in the park.
公園ではほとんど遊んでいる人がいなかった。

reluctant to do	～する気になれない / したくない

☐ He was reluctant to admit his mistake.
彼は自分の間違いを認めたがらなかった。

※同じような意味を表すのに **unwilling** があり、反意語は **willing** となります。

She was unwilling to say her name.
彼女は自分の名前を言いたがらなかった。

She was willing to help me.
彼女は私を手伝うことを嫌がらなかった。

far from ～	～にはほど遠い / 決して～ない

☐ The lecture was far from interesting.
その講義はとても面白いとは言えないものだった。

❸注意したい表現

no doubt	疑いがない

doubt「疑い」を否定することで強い肯定を表します。
There is no doubt about her innocence.
彼女が無罪なのは間違いない。

⦿ little と few

名詞の前に little また few をつけて、「ほとんどない」の意味になる。
little と few の使い分けは、数えられない名詞には little、数えられる名詞には few をつける。a little / a few のように、a が付くと「少しある」の意味になるので注意しよう。

③ 意味の異なる2つの文

次に、否定文を含んだ、意味の異なる2つの文を過去問題より抜粋しました。意味の違いを、しっかりとおさえておきましょう。

Not all the teachers are against the plan.
すべての先生がその計画に反対しているわけではない。

Some of the teachers are for the plan.
先生の何人かはその計画に賛成だ。

against 〜：〜に反対、for 〜：〜に賛成

I have nothing to do this afternoon.
今日の午後はすることがない。

I have something to do this afternoon.
今日の午後はすることがあります。

{ I'm reluctant to help your homework.
私はあなたの宿題を手伝うのは気が進まない。

I'm willing to help your homework.
私はあなたの宿題を喜んで手伝います。

be willing to do：すすんで〜する

④意味が同じ２つの文

次の２つの文章の意味は、ほぼ同じです。

{ He is not an artist at all.
彼は決して芸術家ではない。

He is far from (being) an artist.
彼はおおよそ芸術家からはかけ離れている。

not 〜 at all：まったく〜でない、
far from 〜：〜からほど遠い、少しも〜ない

some と any

ここが重要ポイント

不定の数または量を表すときに、一般的には some を用いるが、**否定文・疑問文・条件文**には、基本的に **any** を用いる。

Is there some milk?　△
Is there any milk?　○
牛乳はありますか？

ここでチャレンジ！演習問題

No.1 次の英文の和訳が正しいものを答えましょう。

(1) I'm not in the least interested in the news.
   私はそのニュースに大変興味がある。
(2) He doesn't always have breakfast.
   彼はいつも朝食を食べません。
(3) I can hardly make out what he says.
   私は彼が言うことを一生懸命理解しようとする。
(4) There is no rule without exceptions.
   例外のない規則はない。
(5) I don't have any more to say.
   私は話すこと以上に持ってるものは何もありません。

正答：(4)

解説：
(1) × not in the least「少しも～ない」
   正しくは「そのニュースにまったく興味がない」
(2) × not always ～「いつも～であるとは限らない」という部分否定。
   正しくは「いつも食べるというわけではない」
(3) × hardly で「ほとんど～しない」となる。他に scarcely も同じ意味を持つ。
   正しくは「私は彼が言うことをほとんど理解できない」
(4) ○
(5) × not ～ any more「これ以上は～ない」
   正しくは「これ以上何も言うことはありません」

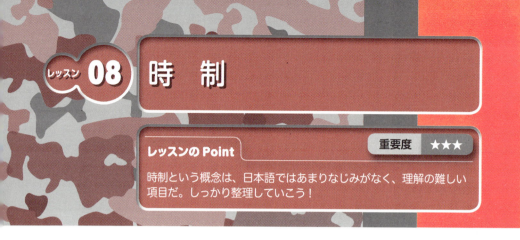

レッスンのPoint

時制という概念は、日本語ではあまりなじみがなく、理解の難しい項目だ。しっかり整理していこう！

重要度 ★★★

　時制とは、時間的な関係を表す動詞の語形変化のことをいいます。過去・現在・未来の他、完了形（過去完了・現在完了など）や進行形（現在進行形など）等があります。ここでは、完了形を重点的に見ていきましょう。

1 現在完了形「have (has) ＋過去分詞」

　現在完了形は、過去に起きたことが、今、どうなっているのかという現在との関わりについて述べる表現で「have (has) ＋ 過去分詞」で表します。

① 完了・結果を表す

Joe has just finished his homework.
ジョーは、ちょうど今宿題をやり終えました。

I have just finished breakfast.
私は今朝食を食べ終わったところです。

He has left now.
彼は今出発したところだ。

「just now」の使い方

完了・結果を表す現在完了形は、「just」や「now」と一緒に使うことが多い。ただし、「just now」は、完了形ではなく、文末に置いて過去形と用いるのが一般的なので、注意しよう。例）She left the room just now. 彼女はたった今部屋を出て行った。

②経験を表す

We <u>have visited</u> Paris twice.
私たちはパリを2度訪れたことがあります。

have visited と同じような意味を表すものに have been to ～「～に行ったことがある」があります。一方、have gone to ～は、「～に行ってしまい、戻っていない」という意味になります。

②現在完了進行形「have (has) been ～ ing」

「今までずっと～し続けている」という動作の継続を表す際には、現在完了形に進行形（be動詞＋～ing）を組み合わせ、「have (has) been ～ ing」で表します。

My sister <u>has been watching</u> TV since this morning.
妹は今朝からずっとテレビを見ています。

He <u>has been waiting</u> to see you since two o'clock.
彼はあなたに会うために2時から待っています。

My daughter <u>has been taking</u> piano lessons for three years.
私の娘は3年間ピアノを習い続けています。

③ 過去完了形「had ＋過去分詞」

　過去のある時点とその時までの関わりについて述べる表現で「had ＋ 過去分詞」で表します。

①過去のある時までの完了・結果を表す

　The concert had already begun when we arrived at the hall.
　私たちがホールに到着した時、コンサートは既に始まっていた。

　The train had started when I got to the station.
　私が駅に着いたとき、列車は出発していた。

②過去のある時までの経験

　She had had several proposals of marriage before she was thirty.
　彼女は30歳になる前に結婚の申し込みを数回受けた。

④ 時や条件を表す節「〜したら／〜した時に」

　「彼がここに来た時に」や「明日雨が降ったら」のように時や条件を表す節の中では、未来の内容であっても will などは用いず現在形で表します。「実際にそうなった場合に」という前提条件であり、予測を含む未来形を用いないためです。

　If it is fine, let's go on a picnic. (× will be)
　晴れたらピクニックに行こう。

　We will have dinner when he comes. (× will come)
　彼が来たら夕飯をいただきます。

　If it rains tomorrow, I won't go. (× will rain)
　もし明日雨が降ったら、私は行きません。

5 時制の一致

過去に思ったことを表す場合、その思った内容（従節）も**主節の時制**との関係で決まります。

①主節の動詞が現在＆現在完了・未来のとき

従節はそのまま、その**内容に応じた**時制を用います。

I think she is a dancer.
彼女はダンサーだと思います。

I think she was a dancer.
彼女はダンサーだったのだと思います。

I think she will become a dancer.
彼女はダンサーになると思います。

②主節の動詞が過去・過去完了のとき

従節の動詞の時制を、**主節との関係に合う**ように変えます。

I thought she is a dancer. ×
I thought she was a dancer. ○
彼女はダンサーだと思いました。

I thought she will become a dancer. ×
I thought she would become a dancer. ○
彼女はダンサーになるだろうと思いました。

ここでチャレンジ！演習問題

No.1 次の英文のうち、文法的に正しいものはどれか。
(1) Have you ever been there?
(2) We have worked at the library since ten years.
(3) I have lived here for I was ten.
(4) I had gone to the movies once in a while.
(5) I thought she will come back.

正答：(1)
解説：(1) ◯ 「あなたはそこに行った事がありますか？」
　　　(2) × since「〜以来」の後は、期間を表す語ではなく**起点**を表す語が入るため、その年の数字を入れる。または、**since** ではなく **for** ten years で「私たちはその図書館で10年間働いています」となる。
　　　(3) × **for** の後は、起点を表す語ではなく、**期間**を表す語が入る。10歳の時から住んでいるなら、**since** I was ten となる。
　　　(4) × **had gone to** は**過去完了**の表現で、過去完了はある過去の時点を基準にしているので、その過去の時点が明記されていない以上ここでは用いない。経験として映画を一度見たことがある、とするなら、I have seen the movie once.「私は一度映画を見たことがあります」など、**現在完了**を使う。時々映画を見に行くなら、I **go** to the movies once in a while.
once in a while「**時々**」
　　　(5) × 時制が一致していない。
正しくは、I thought she **would** come back.

レッスン 09 会話、その他の重要表現

レッスンの Point　重要度 ★★☆

会話の流れを適切に把握できるように、会話文に慣れていこう。また、よく使われる表現方法をしっかりと覚えていこう！

1 覚えておきたい会話表現

会話文は、流れを理解することが大切です。何のことについて話しているか、どちらが何を聞いているのかなど、場面をイメージして読むようにしましょう。また、会話文の中に、比較や不定詞などの英文法が使われていることが多いので、よく確認しておきましょう。

☐	Excuse me, but…	失礼ですが…
☐	Let me see.	えっと〜
☐	You are welcome.	どういたしまして
☐	That's all right.	大丈夫ですよ どういたしまして
☐	That's too bad.	お気の毒に それはいけませんね
☐	Will (Would) you do me a favor?	ひとつお願いがあるのですが

☐	What's the matter with you?	どうかしましたか
☐	Here you are. / Here it is. （相手に差し出して）はい、どうぞ。	

2 その他重要表現

① 無生物主語の表現

まず、次の例文を見てみましょう。

This bus will take you to the hospital.

直訳すると、「このバスはあなたを病院に連れて行きます」ですが、実際は、「このバスに乗ればあなたは病院に行けます」という意味になり、If you get on this bus, you'll get to the hospital. とほぼ同じ意味になります。このように、意味としては人が主体ですが、物を主語として表す、**無生物主語**という表現が英語ではよく使われます。

② ことわざ

英語にも日本語と同じようにことわざがあります。よく使われることわざには、次のようなものがあります。代表的なものを覚えておきましょう。

☐	Time flies like an arrow	光陰矢の如し
☐	Necessity is the mother of invention.	必要は発明の母
☐	When in Rome do as the Romans do.	郷に入っては郷に従え

☑	A friend in need is a friend indeed.	まさかの時の友こそ真の友
☑	Seeing is believing.	百聞は一見に如かず
☑	It is no use crying over spilt milk.	覆水盆に返らず
☑	A child is what his parents make.	生みの親より育ての親
☑	A cold often leads to all kinds of disease.	風邪は万病の元
☑	A good medicine tastes bitter.	良薬は口に苦し

③ 動詞句

動詞句とは、動詞＋副詞、動詞＋前置詞などのかたちで、全体で1つの動詞と同じ働きをするものをいいます。同じ意味を持つ動詞なども、確認しておきましょう。

☑	**get over ～** （＝ overcome）	～を克服する
☑	**give up ～**	～をあきらめる
☑	**look after ～** （＝ take care of）	～の世話をする
☑	**look for ～** （＝ search for）	～を探す
☑	**look forward to ～** （＝ expect to）	～を期待して待つ、楽しみに待つ
☑	**make fun of ～**	～をからかう、ばかにする

☑	pay attention to 〜	〜に注意を払う
☑	put off 〜（= postpone）	〜を延期する
☑	run out of 〜	〜が切れる、使い果たす
☑	take part in 〜（= participate in）	〜に参加する
☑	turn on 〜	（スイッチなどを）つける
☑	catch up with 〜	〜に追いつく

ここが重要ポイント

　会話文の問題は、**会話の流れ**から空所に適切な発話を入れる、というパターンがほとんどだ。空所の前の文から、自然に続く発話を想像しつつ、空所の後の文にも着目しよう。
　たとえば、後の文が、「Yes」か「No」で始まっていれば、空所の文は、**Yes/No で答えられる質問**のかたちが入ることがわかる。
　また、会話の内容から、どんな場面なのかを最初に**イメージ**できると、比較的容易に正解を導くことができる。

ここでチャレンジ！演習問題

No.1 下の会話文の（ ）に入る文として、最も適切なものは次のうちどれか。

A：May I see your passport, please?
B：Here it is.
A：(　　　　　　　　　　　　　　　　)
B：One week.

(1) Are you traveling alone?
(2) Where are you going to stay?
(3) How long do you plan to stay?
(4) What's the purpose of your visit, sir?
(5) What are these?

正答：(3)
解説：(1) × 「一人で旅行するのですか？」
　　　(2) × 「どこに泊まる予定ですか？」
　　　(3) ○ 「どのくらいの期間滞在する予定ですか？」
　　　(4) × 「訪れる目的はなんですか？」
　　　(5) × 「これらは何ですか？」

　空所の次の文に One week「1週間」とあるので期間を尋ねていることがわかる。期間を尋ねる How long 〜 の（3）が最も適切。

No.2 下の会話文の（　　）に入る文として、最も適切なものは次のうちどれか。

A：I'd like to have my shirts cleaned.
B：Yes,sir.
A：(　　　　)
B：You can have them by tomorrow morning.

(1) How much will it be?
(2) When is check-out time?
(3) Can I pay in Japanese yen?
(4) Can I have a moment, please?
(5) When will they be readey?

正答：(5)
解説：(1) ×「おいくらになりますか？」
　　　(2) ×「チェックアウトは何時ですか？」
　　　(3) ×「円で支払えますか？」
　　　(4) ×「ちょっとお時間いただけますか？」
　　　(5) 〇「いつまでにできますか？」

　空所の次の文に tomorrow morning という時を表す語が出てくることから、空所には時を尋ねる質問が入ることがわかる。
　また、最初のＡの会話文に、shirts cleaned とあり、Ｂが yes,sir. と答えていることから、クリーニング屋での会話文ということがわかる。よって、(5) が適切。

自衛隊一般曹候補生
合格テキスト

4章 作文

4章のレッスンの前に ……………………………… 274
レッスン01 作文とは「自分の考え」を
「論理的に」説明することだ！ ………… 276
レッスン02 守るべき14の基本ルール ……………… 278
レッスン03 文章表現のコツは「段落」にあり！ …… 284
レッスン04 各出題テーマに対してのアプローチ …… 286
レッスン05 ここが評価される！ ………………… 290
レッスン06 本番ではここに気をつけよう ………… 296
レッスン07 実際に解答例を見てみよう ………… 300

4章のレッスンの前に

作文試験では何が求められるか

　一般曹候補生の採用試験において、筆記試験の次に実施されるのが、**作文試験**です。受験生の中には、筆記試験はできても、作文試験は苦手だという人も少なくないでしょう。いざ原稿用紙を目の前にしても、どのように書いたらよいかわからず戸惑ってしまう場合があるかもしれません。

　しかし、作文などの文章技術は、文章作成の**基本的技術**やよい**手本**となる文章を真似て書くうちに、確実に上達していくものです。

　加えて、**過去の出題テーマ**と**作文例**を研究しておくということも、試験対策として重要です。

　たとえば近年の出題テーマとしては、

> 「チームの一員として、積極的に行動することの大切さ」
> 「チームリーダーとして心がけること」
> 「良好な人間関係を築くために必要なこと」
> 「一般曹候補生を受験した動機」

など、主に集団生活に関すること、自衛官になりたいと思った理由などについて問われるものが増えています。

　自衛官の職務上、自分の考えを**論理的**、**的確**に伝えられるということは必須要素です。**起承転結**をはっきりさせること、どのようなテーマでもすぐに自分の考えを伝えられるようにするといった練習も欠かせません。

　本章では、それらのことをふまえ、作文を書くことが苦手な人でもわかりやすいように、作文の**基本ルール**、**コツ**から、合格できる作文の**実際例**までを紹介しています。迷いや疑問を解消し、必要なノウハウや心構えなどの習得に、ぜひ本章を活用してください。

各レッスン内容の概要

　本章では、作文試験の対策をわかりやすく説明するために、レッスンごとに内容をまとめています。

レッスン01 作文とは「自分の考え」を「論理的に」説明することだ！
→ 作文と論文の違い、特徴について

レッスン02 守るべき14の基本ルール
→ 実際に作文を書くうえで知っておきたいルールが満載

レッスン03 文章表現のコツは「段落」にあり！
→ 段落を効果的に使って、文章を組み立てる

レッスン04 各出題テーマに対してのアプローチ
→ 近年頻出の出題テーマごとのアプローチ方法

レッスン05 ここが評価される！
→ よい評価を得るために必要なこと

レッスン06 本番ではここを気をつけよう
→ 本番で読み応えのある作文を書くための心構え

レッスン07 実際に解答例を見てみよう
→ 出題されたテーマの解答例を見本に、合格を目指す

レッスン 01 作文とは「自分の考え」を「論理的に」説明することだ！

レッスンのPoint
重要度 ★★☆

作文と論文の違いを知ろう。
採用試験で求められる作文とは！

○採用試験の作文とは？

　一般的に作文といえば、小学校の頃から書き慣れてきた「**自分の体験やそれについての感想**」について述べるものをいいます。しかし、採用試験における作文はそういった性格のものではなく、どちらかといえば「**論文**」といった要素が求められるものです。

　具体的には、あることについて批評意識をもって考察したうえで、何が問題であるかを提起し、それに対する**自分の意見、主張**を**論理的に体系だてて**述べるものが論文です。

　言い換えれば、**考えや気持ちを伝える**といった程度の姿勢で書けば作文調の文章になり、誰かを**説得し、かつ共感や賛同を求める**ことを目的に**論理だてて**書けば論文調の文章になります。そして、知識や見識が高まるほど、文章は論文調を帯びる傾向があります。

作文		論文
体験 感想	知識や見識がたくさんあるほど… →	意見 論理的な根拠

○論文とは？

　論文とは、出題された質問について、**論理的**に答えることです。つまりは、「あれはどうなっている？」「どう答える？」と問われて、「こうなっている」「こう考える」などと、相手が明確にわかるように答えるものです。

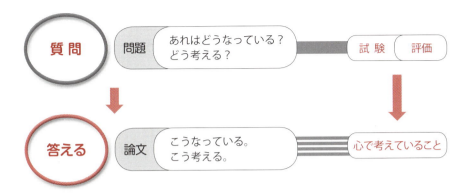

そしてここで大切なのが、

- 質問の内容と答えの内容がかみ合っている。
- 答えの内容が質問者を十分満足させる。
- 言葉が明快で、勢いがあり、前向き、やる気があるという期待を持たせる。
- 思考の幅が広く、論理的で、かつ成熟している。
- 文章表現を通して、感度のよさ、反応の速さ、人格バランスのほどよさがうかがえる。

といった印象を読み手に与えるようにすることです。必ずしも完璧である必要はなく、伸びがある、柔軟なものの考え方ができる、きらりと光るものがある、といったほうが印象はよくなります。

○文章は、人間の内面を語る

内面とは、「心で考えていること」であり、その考え方などの良い悪いを評価してもらうのが作文試験です。言い換えれば、面接が外に現れた人間の姿を評価するものであるのに対し、作文試験は内部に現れた人間の姿を評価するものといえます。

自分の実力を出し切るためにも、論文を書くうえで大切なテクニックを身につけ、しっかりと準備しておくことが必要です。

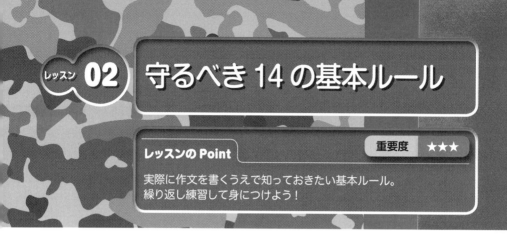

レッスン 02 守るべき 14 の基本ルール

レッスンの Point 重要度 ★★★

実際に作文を書くうえで知っておきたい基本ルール。
繰り返し練習して身につけよう！

　作文を書く際には、以下の 14 の基本ルールを守るように心がけましょう。最初はこれらのルールを守ることが難しく感じるかもしれませんが、繰り返し練習するうちに自然と気をつけることができるようになります。

◉ 14 の基本ルール

① 文字数は全体の 8 〜 9 割とする。
② 段落ごとに改行し、段落の最初の書き出しは一字下げる。
③ 文体は「である」調で統一する。
④ 普通に使われる言葉は、必ず漢字で書く。
⑤ センテンスは短くする。
⑥ 余分な装飾は省く。
⑦ 接続詞を効果的に使い分ける。
⑧ 接続詞の「が」の使用は最小限にとどめる。
⑨ 連用形で文章をつなげないようにする。
⑩「 」と『 』の使い方を頭に入れておく。
⑪ 言葉が持つ概念のレベルを正しくそろえる。
⑫ カテゴリーの異なる複数の言葉を 1 つの文章に並べない。
⑬ 導入文はおやっと思う事柄、明るいプラスの話題から入る。
⑭ 終わりの文章では、一番主張したいことを「一般化」という形で強調する。

　次からは、それぞれの基本ルールについて具体的に説明していきます。必ず目を通して、文章の上達を目指しましょう。

①文字数は全体の8〜9割とする。

　自衛隊一般曹候補生の作文試験の原稿用紙は、**672字（28字×24行）**となっています。文字数の範囲内におさまるように書くことはもちろんですが、8割以上、できれば9割以上を埋めるように心がけて文章の構成を考えるようにします。8割に満たないと、やる気自体を疑われてしまうおそれがあります。誤字・脱字に注意するのと同様に、必ずおさえておきたい基本的ルールです。

②段落ごとに改行し、段落の最初の書き出しは1字下げる。

　これは作文を書く際の必須ルールです。600字程度の作文で、始めから終わりまで1回の改行もない、という作文をときどき見かけますが、これでは文章が非常に読みにくいものとなり、**他者への配慮に欠ける**、**一気にまくし立てる性格**、といった印象を読み手に与えてしまいかねません。**段落の最初は1字下げる**といった基本事項も、忘れないように注意して書きましょう。

③文体は「である」調で統一する。

　文体には、「ですます調」、「である調」がありますが、作文に関しては、「である調」に統一して書きましょう。

④普通に使われる言葉は、必ず漢字で書く。

　たとえば、「必要」を「ひつよう」と書いてあったりすると、意味がすぐに伝わりにくいだけではなく、**常識の程度**を疑われてしまいます。また、「渋滞」を「じゅうたい」「重体」と書いている作文は、確実に減点の対象となってしまいます。
　平易な言葉や慣用語であるにもかかわらず、どうしても漢字が思い浮かばない場合には、言い方を換えるなどして対処するとよいでしょう。

⑤センテンスは短くする。

　1文の長さは、40字以内を心がけるようにします。文章が長いと、言葉に引っ張られて論旨がずれがちになるばかりか、余分なこと、無意味なことを書き並べる原因になりやすいものです。
　具体的には、主語と動詞（語尾）が互いにすぐ近くに見える長さで文章を切ります。40字程度といえば、だいたい原稿用紙1.5行分にあたります。

⑥余分な装飾は省く。

　装飾を省いた文章とは、観念語をはじめ、形容詞や副詞をできるだけ削った文章のことです。極端にいえば、観念語や形容詞や副詞、修飾句、接続詞などをすべて取ったときに残る文をいいます。装飾を削ればいいので比較的簡単なテクニックですが、その代わり、減った字数を埋めるだけの現実的、具体的な素材（話題、事実）などが必要となります。とはいえ、作文は文学作品などとは違い、現実的な事柄について自分の意見を述べることが求められるものであるため、ぜひ実行してほしいテクニックの1つです。

⑦接続詞を効果的に使い分ける。

　接続詞は文章の流れをよくして、全体にリズムをもたせるうえで効果的な役割を果たすものです。次に挙げるようなさまざまな接続詞を知っていれば、文章を書く際に大いに役立つでしょう。

接続詞の例	種類	使い方の意味
「が」「だが」「しかし」「ところが」「けれども」	逆接	前後の内容が反対の意味を持つ。
「ので」「から」「したがって」「よって」「そこで」	順接	前の内容の結果が後ろの内容になる。

「そして」「それに」「また」「なお」「さらに」「しかも」	追加・並列	前の内容に付け加えたり並べたりする内容が後にくる。
「または」「それとも」「あるいは」「もしくは」	対比・選択	前の内容と比べたり選んだりする内容がくる。
「つまり」「なぜなら」「たとえば」「すなわち」「ただし」	説明	前の内容の説明や補足する内容が後にくる。
「さて」「ところで」「では」「それでは」	転換	前の内容と話題を換えた内容が後にくる。

⑧接続詞の「が」の使用は最小限にとどめる。

「が」があれば、文章はいくらでも長く続けることができます。しかし、「が」の前後で文章の流れが屈折し、話の脈絡が途切れたり、それたり、無関係になってしまうといったことも多くなります。

「が」を多用しそうになった場合には、いったん文章を切って、「しかし」でつないでみるといいでしょう。すると、そうやって変換した「しかし」の中に、うるさく感じられるものがあることに気づくと思います。そういう「が」は省いたほうがいいといえます。

⑨連用形で文章をつなげないようにする。

「私はその話を聞き、……知らせ、……戻り、……信じ、……調べ、……され、……と」というように、文章を連用形でつなぐと、面白いように長文を書くことができます。しかし「が」と同様に、もっともらしく文章がつながる一方、しまりがなくなり、横道にもそれやすくなります。そういったミスを避けるためにも、途中で文章を切るように心がけましょう。

⑩「　」と『　』の使い方を頭に入れておく。

「　」（カギカッコ）と『　』（二重カギ）には、それぞれ決められた使い方があります。これらの使い方をきちんと頭に入れておき、いつでも使いこなせるようにしておきましょう。

「　」（カギカッコ）を使う場合
- 会話文
- 語句の引用
- 語句の意味を強調したいとき

『　』（二重カギ）を使う場合
- 書名
- カギカッコの中でさらにカギカッコを使うとき

「　」（カギカッコ）や『　』（二重カギ）の使い方については、あやふやな人もいるでしょう。実際に作文を書く際に使用してみると、使い方を早く覚えられるようになります。一度、トライしてみてください。

⑪言葉が持つ概念のレベルを正しくそろえる。

言葉には「宇宙」のような大きな世界、「針先」のような極小の世界など、さまざまな**レベル**があります。たとえば、東京都港区海岸4丁目20番地などと、住所、番地を書くように**大概念**から**小概念**へ、**意味内容**の大きい用語から小さな用語へ、**イメージや印象**の強いものや**重要度**の高いものから弱いもの、低いものへと順番に並べることが大切です。決して、**無差別**、**無秩序**、**順不同**に扱わないように注意しましょう。

東京都 ＞ 港区 ＞ 海岸4丁目 ＞ 20番地

⑫カテゴリーの異なる複数の言葉を1つの文章に並べない。

　一例として、「**大福とお茶を飲む**」「**木材とテーブルを加工する**」などが挙げられます。大福は飲むものではなく、また木材は**素材**あるいは**一次原料**、テーブルは**加工品**もしくは**製品**です。これらを一緒にすると、読み手に明らかな違和感を与えてしまいます。

> ×大福を飲む　○お茶を飲む
> ○木材を加工する　△テーブルを加工する　×木材とテーブルを加工する

⑬導入文はおやっと思う事柄、明るいプラスの話題から入る。

　暗く後ろ向きの事柄で文章を書き始めると、その印象が最後まで拭えないおそれがあります。暗い文章は、**書き手の印象を**悪くする**だけでメリットがありません**。

⑭終わりの文章では、一番主張したいことを「一般化」という形で強調する。

　一般化とは、**特定の状況で言いえたことや特別な条件下で有効で**あったことが、その特定の状況や特別な条件をなしにしても一般的に**当てはまる、あるいは効果を発揮する**といったことをいいます。たとえば、タバコのポイ捨て禁止運動が、**町の美化運動一般**にも役立つと主張するようなケースなどがそれです。

> タバコのポイ捨て禁止運動
> 　　⬇ 一般化すると…
> 　町の美化運動一般
> 　1つの視点を、一般的な視野にまで広げることが大切です。

レッスン03 文章表現のコツは「段落」にあり！

レッスンのPoint　重要度 ★★☆
自分の考えを効果的に表現するためのコツの1つ「段落」を理解し、使いこなそう。

　レッスン2では、文章を書くうえでの**基本ルール**について説明しました。そして次に文章を書く際に必要となるのが、それらの基本ルールを使って自分の考えを効果的に表現するための**コツ**です。
　このレッスンでは、文章表現がうまくなるためのコツとして、「段落」の使い方について詳しく説明します。

○段落について理解しよう

　文章は、「単語」「文節」「文」「段落」「節」「章」からなります。そして、ここで重要となるのが、1つの主張を構成するいくつかの文の集まりである「段落」です。
　段落は、1つの考えを示す2つ以上の文と定義されます。たとえば、絵の具の色を使って説明するとわかりやすいです。「紫色」という意見を1つの段落で言おうとした場合、青色の文と赤色の文を混ぜ合わせて（つなげて）作るようにするのです。
　つまり段落とは、①大きな意見の一部を構成する、②部分的意見をまとめた、③最小の文のかたまりといえます。

○段落を使いこなそう

　論理的で明快な文章を書くためには、個々の段落での主張を明確にすることが重要となります。
　まず1つ目の方法としては、1行目の冒頭で結論を言い、その後の

2行目以降で説明を行う「先結後説パターン」です。この場合、試験の本番で時間切れ等のために説明が不十分に終わったとしても、先に結論を言っているため意味はきちんと伝わるという利点があります。

次に挙げられる方法としては「先説後結パターン」があります。これは、最初の段落で出題にまつわる現状を書き、最後の段落で結論を述べるというものです。

なお、自衛隊一般曹候補生の作文試験の原稿用紙は、字詰めが672字（28字×24行）であるため、段落を3つに分けるのがまとめやすいと思われます。

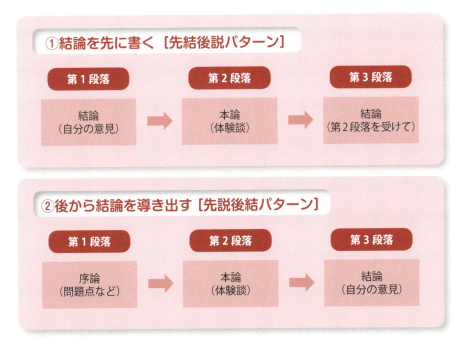

どちらの書き方でなければならないということはなく、そのときの状況や出題内容に応じて使いわければいいですが、明快な主張をしたい、書き落とし、うっかりミスを防ぎたいという場合は、やはり結論を先に書く方法がよいでしょう。

いずれにしても大切なのは、意味が素直に理解でき、スムーズに読み進むことができる文章を書くよう心がけることです。

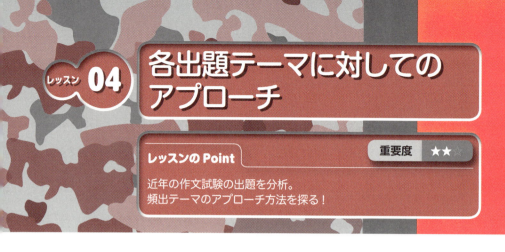

レッスン04 各出題テーマに対してのアプローチ

レッスンのPoint
近年の作文試験の出題を分析。
頻出テーマのアプローチ方法を探る！

重要度 ★★☆

　このレッスンでは、過去の自衛隊一般曹候補生の作文試験で実際に出題されたテーマごとに、そのアプローチ方法を説明していきます。
　特に近年では、「チームワーク」に関する出題が多い傾向にあります。しっかりと準備をして、書き方をマスターし、作文対策として大いに役立ててください。

○出題テーマ1：「チームワーク」

　ここ最近の頻出テーマが「チームワーク」に関するものです。自衛官として働く際に、どれだけ組織、チームに**貢献**できるか、そもそもチームというものをどう捉えているかを判断するための出題といえます。

過去の出題例

- 「チームのためにその一員として、積極的に行動することの重要性について」
- 「チームを団結させるため、チームリーダーとして心がけることについて」
- 「チームの団結を強くするために必要なことについて」

　「チームワーク」に関する出題については、自分が参加した**集団行動**の中で実際に起こった出来事や、それに対して**自分がとった行動**、そのときに感じた思いなどを土台として話を進めるとよいでしょう。

自分の経験とリンクさせて、出題テーマに関する意見や考えを述べるようにすると、説得力のある作文を書くことができます。

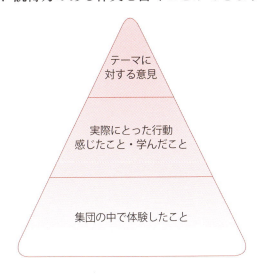

　また、ここで取り上げる、自分が経験した集団行動の具体的な例としては、**部活動やボランティア活動**、その他日常的ではない**特別な出来事**などがよいでしょう。特に、自分が成長することができた出来事を選ぶと、筆の運びもよく、一気に終わりまで書き進めることができます。

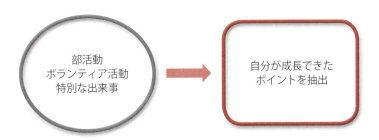

　体験したことの中から、**自分を成長させた出来事**を選んで、具体的に記述することが大切です。その出来事の前後で、自分がどのように変わったのか、といった説明を加えてもよいでしょう。

◯出題テーマ２：「抽象的・観念的な事柄」

　抽象的・観念的な事柄に対する考えを問うテーマが出されることもあります。しかし、こういったテーマであっても、やはり**自衛官としての素質**を判断するための材料であるため、そういった点を意識して書き進めることが必要です。

⊙ 過去の出題例

- 「良好な人間関係を築くために必要なことについて」

　また、特に注意したいのが、出題テーマ自体が抽象的である場合、論文の内容も抽象的な言い方で終始しないようにすることです。自分が実際に**体験したこと**、**失敗談**やそこから**学んだこと**を中心に話を展開させ、抽象的なテーマに**具体性**という肉付けをするように心がけましょう。さらには、**積極的な姿勢**をアピールするといったことも大切です。

悪い解答例

「良好な人間関係を築くためには、日頃から親切でいるようにすることが大切である。なぜなら、人間関係を円滑なものにするためには、まず相手から信頼されることが必要だからである。」

 抽象的な言い回しが多い。

よい解答例

「良好な人間関係を築くためにわたしが心がけているのは、できるだけ丁寧に相手と向き合うということである。このことをわたしは、３年間続けた部活動で学んだ。たとえば…」

 具体例について提示している。

なお、こういった出題に関しては、**地域のことや身の回りのことに関心**を寄せる、社会の中でさまざまな**体験**を積んでおくなどして、世間の**知識**や**一般教養**を高めておくことも大切です。実際、作文試験に臨もうというときに、そういった経験や知識が必ず役に立ちます。

◯出題テーマ３：「志望動機」

近年はそんなに多くありませんが、自衛官一般曹候補生を**志望する動機**について問われた例があります。自分の中で今一度、志望動機を**整理**しておくことが大切です。

◉過去の出題例

- 「一般曹候補生を受験した動機」

「志望動機」についても、これまでの出題テーマと同様に、**具体的なきっかけ**などについて述べることができるように準備しておきます。自分が一般曹候補生に関することで実際に経験したこと、見聞きしたことについて触れ、どういった**感想**をもったか、なぜ**志望**するに至ったかをできるだけ具体的に説明するように心がけましょう。

また、自分がなりたい**自衛官像**についても書くことができれば、さらに読み応えのある作文になります。

「志望動機」を問われた場合には、以下の順で作文を書き進めるとよいでしょう。

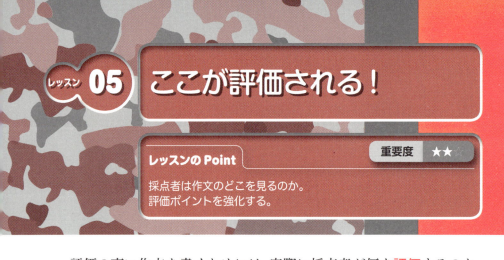

レッスンのPoint

重要度 ★★☆

採点者は作文のどこを見るのか。
評価ポイントを強化する。

　評価の高い作文を書くためには、実際に採点者が何を評価するのか、どういった点に着目して採点するのかといったことを知っておくとよいでしょう。これまで述べてきた、作文を書く際の基本的ルール、コツを用いて文章が書けているかどうかといったことは大前提ですが、次に採点者が評価するのが、作文全体から伝わってくる人柄などです。
　では、実際に採点する現場で、一体どんな点が評価ポイントとなっているのかを見てみましょう。

○作文採点の実態

　自衛隊一般曹候補生の採用試験に限らず、作文の評価に関しては、下図に掲げた要素が見られるか、といった評価方法が一般的です。

しかし、実際に採点する現場では、これらの評価項目すべてを頭に入れながら作文を読み進めることは難しいと思われます。では、採点者はどういった点に注意して作文を読むのでしょうか。

○ 採点者はここを見る

まず覚えておきたいのは、作文は知識の有無や抱いている思想のよい悪いを見るものではないということです。あくまで、五肢択一では見られない論理性、表現力、人格的成熟度、前向きかどうかの態度といった、属人的特性を見ることを目的としています。

⊙ 作文を通してみえてくるもの

- 論理的思考ができているか（独りよがりでないか）
- 表現力が豊かか（語彙の豊かさ、説得力ある表現ができているか）
- 人格的に成熟しているか（幅広い観点を有しているか）
- 前向きな態度であるか（問題に積極的に取り組む姿勢があるか）

そのため、採点に関しては、五肢択一のように**客観的な明快さ**がありません。採点の結果出された**点数（数字）**は明快ですが、採点するプロセスには、説明しきれないものが残ります。

たとえば、数字的に測るものを定量的評価、性質を分析するのを定性的評価といいますが、作文の採点は典型的な定性的評価で行われます。そのため、100パーセント客観的、科学的な採点というよりも、採点者の**好き嫌いや情緒的要素**の混じる可能性があります。添削者によって、評価に多少のばらつきが出てしまうのです。

しかし、だからといって、評価が**10点以上**も開くといったことはまれです。ただ、作文での**5点差**などは合否に大きく影響する場合もあるため、しっかりとした準備が必要となります。

○ 採点者は作文に原石の光を見つける

　採点者が採点する際に着目するポイントについてはすでに述べましたが、さらに作文を評価するうえで重要視していると思われるのが、その作文の中に光るものがあるかどうかといった点です。

　採点者は作文を通して、論理性、表現力、人格的成熟度、前向きな態度であるかといったことだけではなく、それらの向こう側に見える生身の人間の姿、その人の持っているポテンシャリティを知りたいと思っています。また、職場で実際に働ける人材か、誠実か、みんなを引っ張っていけるのか、将来の成長が期待できるのか、といった点も重要な評価ポイントとなります。

　そこで大切になってくるのが、作文の中に光っている箇所がいくつあるか、ということなのです。

　文章は、心の姿を表すものですから、心にきらりと光るものがあれば、文章にもおのずと原石の光が表れます。たった1行がダイヤのように光り輝くこともありえます。そして、たとえ作文のまとまりが今ひとつであっても、論理が通ってきらりと光る部分があれば、それが加点対象となるのです。

◯ 作文評価のポイント

　次の表は、実際に自分の作文を評価するポイントについてまとめたもので、**原石の光**を発見するための要素も加えています。まずは、できるだけ多くの「評価項目」に当てはまるような作文を書く練習をし、次に余裕が出てきたら、「評価の内容」とも照らし合わせてチェックしていくとよいでしょう。

	評価項目	評価の内容（チェックマークを入れる）
内容	**1** 出題意図を理解しているか	□1　問いを十分理解して答えている。 □2　問いに答えているが、内容が幼く、未熟である。 □3　問いに答えようとしているが、やや出題意図からそれている。 □4　問いと答えがすれ違っている。 □5　まったく取り違えている。
	2 構成はできているか	□1　現状、問題点、解決策と書き分けるなど、きちんと構成された論文である。 □2　現状と問題点のレベルの差異、書き分けの意味がわかっていない。両者の内容がダブったり、問題点の表現を裏返して解決策としたりしている。 □3　構成はきちんとしているが、内容が薄く、展開不十分である。 □4　冒頭に必要性、重要性を書いてストレートに解決策に入るなど、問題形成せずに書いている。 □5　構成に対する配慮がまったくない。

内容	**3** 客観的事実から出発して、現状をとらえているか	☐1 具体的事実（問題視されるべき事実）をあげて問題点を形成するなど説得力のある作文になっている。 ☐2 具体的事実、実例をあげて書き出しているが、書き込み不足である。 ☐3 問題視されるべき具体的事実をあげているが、その後、十分それを踏まえて論を展開していない。 ☐4 事実なのか、問題点なのか、はっきりしていない。 ☐5 具体的事実から出発せず、背景などを長々と書いている。
	4 「現状」から問題点（原因）を抽出しているか	☐1 問題点をきちんと形成している。 ☐2 問題点を形成しているが、事実と混同している。 ☐3 問題点の中に、言葉が違うだけで内容的に同じものがあるなど、問題点相互間の独立性が不十分である。 ☐4 問題点の指摘が未熟で書き込み不足である。 ☐5 問題点がまるで欠落している。
	5 実現可能で、かつ効果のある具体的解決策を述べているか	☐1 問題点をクリアする解決策を具体的に述べている。 ☐2 いくつか解決策を述べているが、効果が同じものがあるなど、複数の解決策が内容的にダブっている。 ☐3 解決策を述べているが、具体性に乏しく、書き込み不足である。 ☐4 観念的な具体性のない解決策である。 ☐5 問題点の表現を裏返して解決策とするなど安易な書き方である。
形式	**6** 導入、終わり、本文の表現は適切か	☐1 どの部分も適切な表現で書かれている。 ☐2 どの部分も長さは適切だが、表現にムラがあったり、あいまいだったりする。内容的な整理と書き込みが不足である。 ☐3 導入文が長すぎて、すっきり読めない。 ☐4 エンディングが弱い。再度導入文らしきものさえ出てくる。 ☐5 本文の記述が幼く未成熟である。

形式	**7** 文章の流れはよいか	□1 論理的であり、かつ一貫している。主張も視野広く明快で、スムーズに読める。 □2 論理的で説得力もあるが、飛躍や説明不足な箇所が多少ある。 □3 一貫しているが、視野の狭い文章である。 □4 ぎくしゃくして、ぶつ切りの感じである。 □5 だらだらして、幼い感じである。
	8 表現、言葉の用法は的確か	□1 用語の使用が的確である。 □2 誤字、不適切語法がめだつ。 □3 修飾語、形容詞、あるいは接続助詞「が」や、その他の接続助詞が多すぎる。 □4 同語反復がめだつなど文章が粗雑で、かつだらだらと長い。 □5 幼く、未熟な表現がめだつ。
姿勢	**9** 作文の内容、出題に対する取り組みの姿勢は前向きか	□1 前向きで、やる気が感じられる。 □2 やる気は十分だが、ひとりよがりで空回りしている。 □3 愚痴が多く、必要以上に批判的である。 □4 ボルテージが低く、頼りにならない。 □5 知人や同僚を相手に意見をいっている感じである。
総合	**10** 総合的に見て、どんな評価になるか	□1 出題意図を十分理解し、自分の言葉で自分の問題として広い視野から具体的に書いており、作文として高い説得力がある。 □2 作文の内容も形もいいが、論理一貫性に欠けるなど、荒削りで説得力に欠ける。 □3 一応書けているが、データや具体例に乏しいなど、観念的である。 □4 体裁は整っているが、内容が幼く、低調で物足りない。 □5 内容不足だが、文章力で読ませる。

レッスン06 本番ではここに気をつけよう

レッスンの Point　重要度 ★★

試験本番で注意すべきこと、これだけは避けたいこと。
本番で行き詰まったとき打開できる考え方!

　このレッスンでは、実際に試験の本番で気をつけたいことを説明します。本番で自分の力を**発揮**して、**読み応え**のある作文を書くためにも、何度も読み返して頭に入れておくようにしましょう。

○読み応えのある作文を書きたい!

　まず基本的には、次の要点を満たす作文を書きましょう。

①内容があること。
②出題意図にぴったり合っていて、主張の要旨が明快であること。
③わかりやすい論理展開になっていること。
④客観的事実を述べる部分と、評価し、主張する部分が明快に書き分けられていること。
⑤表現が的確、すなわちシンプルでやわらかい言葉を使って、言うべきことを十分言っていること。

　また、次のことに注意しながら文章を書くようにすると、読み手に自分の考えがよく伝わり、加点の対象となります。

言葉を換えて粘り強く、繰り返し説明する。
　→よく頭に入り、納得する。

> 解決策を実行したらどうなるか、具体的イメージ、臨場感の湧く作文となるように心がけ、自分がその問題に対する解決策を実施しているような実感をもって書くようにする。

→ 話に引き込まれ、説得力を感じる。

そのほか、書く際に次のことにも注意が必要です。

- すぐに解決策を書かず、問題点をきちんと指摘している。
- 問題点の言葉の表現を単に裏返した表現で解決策を書かないようにする。

  悪い例：「コミュニケーションの不足が問題点である」
  　　　→「解決策としてコミュニケーションを円滑にする」

- 自分の考えに拠らない常識的な見解について必要以上に熱っぽく語らない。
- 内容が重複しない。
- ある程度の知識をもって作文を書けている。

さらに、作文全体の見栄えについても次のような配慮が必要です。

① 段落の変わり目では必ず1字下げる。適度な空白がなく、字が詰まった作文は、読みづらい。
② 太く、くっきりとした字づらにする。薄い字は頭に入りにくい。
③ 訂正箇所を棒線で消すと粗雑な印象を与える。必ず消しゴムを使う。
④ 言葉の抜け、入れ忘れは、配慮やきめ細かさの不足を感じさせるため、気をつける。
⑤ 字数不足は、仕事のスピード不足を連想させる。必ず原稿用紙の8～9割以上を埋めるようにする。

○これは避けたい！悪い作文になる減点要素12か条

　では実際、採点者にマイナスの印象を与え、減点評価の対象となってしまう作文とはどのようなものなのでしょうか。次に掲げる12の項目を参考にして、それらに当てはまらない作文が書けるようにしましょう。

◉悪い作文になる減点要素12か条

①新聞やマスコミで報道されていることを繰り返すだけで、自分の考えがどこにも出てこない。

②問題に対して他人事で、自分には関係ないという姿勢で書いている。当事者意識や、問題を自分に引き寄せて考えるという熱意が感じられない。

③ただ単に、事実や問題点を横に並べることだけに終始している、問題点が少しも発展、展開しないまま終わってしまう。こういった作文は、書き手の思考力のなさが感じられる（問題を自分のこととして捉えれば、自然に思考力は生まれる）。

④提起した問題の解決をどうするかということに関心が向かない。忘れている。言いっ放しである。

⑤途中で、出題文に対する疑問、不満を述べ始める。

⑥前半と後半で言うことが逆になったり、矛盾したりしていることに気がつかない。

⑦冒頭は勢いがいいが、後半にいくに従ってトーンが下がり、内容が先細りになっている。

⑧観念論、抽象論に終始している。現実感がなく、現実世界との対応、照応関係が希薄で、具体例やデータについても使われていない。

⑨出題意図からはずれ、聞きたいことに答えていないばかりか、答えようという態度がみえない。

⑩試験であることを忘れて、正直に書き過ぎている。たとえば、始めから終わりまで後ろ向き、否定的な姿勢を貫いている。

⑪内容にダブりがある。気の利いた言葉、フレーズを何度も繰り返し使い、その度に文章が後戻りする。

⑫内容がないのに、言葉だけは長々と続いている。

○本番で行き詰まったら思い出そう！

　ここまで、試験の本番で生かしてほしい事柄について述べてきました。しかし実際に試験に臨んだときに、思った以上に筆が進まないといったこともあると思います。ここでは、そうやって行き詰まったときに参考となる考えを整理しておきます。試験の本番前に読み返して、ぜひ参考にしてください。

①言葉にはそれ自体に論理を切り開く力がある。一途な姿勢で取り組めば、必ず道は開ける。

②真実は細部に宿る。つまり人を感動させるきっかけとなるのは、些細な出来事、事実の中にある。なるべく、具体的な事例やデータを作文の中に盛り込む。

③出題意図がよくわからない場合は、自分で問題の文章をさまざまな角度からつくり変え、聞かれている内容を明確に捉えられるように工夫する。

④対極にある2つのことを対立構造で整理し、相互に比較しながら述べるようにすると、文章が走り出す。

⑤ある状況の問題解決においては、それと類似した状況をいくつか提示すると、わかりやすく、文章が立体化する。訴える力、インパクトも強まる。

⑥言葉は心の姿である。文章には自分の思っていることが現れる。自分の心の窓を磨いて透明にし、水をくみ上げるように言葉をくみ上げよう。

　読み手に、自分のことをわかってもらおうという姿勢で書くと、自分の考えが伝わりやすくなります。自分自身を見つめ直すような気持ちで書き進めましょう。

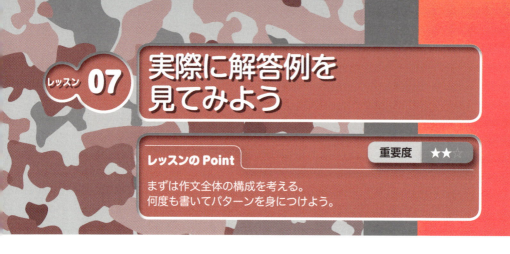

ここからは、実際に出題されたテーマに対する**解答例**と**アドバイス**を見ていきます。

なお、解答例の作文は、以下の流れに沿って書かれています。実際に自分で作文を書く際の参考にしてみましょう。そして、自分の得意な**パターン**を習得しておきましょう。

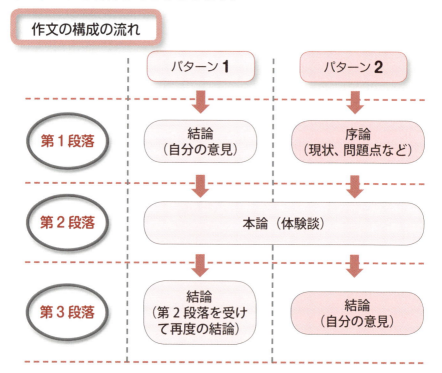

出題例 ❶

チームのためにその一員として、積極的に行動することの重要性について、あなたの思うところを書きなさい。

（試験時間 30 分　672 字以内）

○解答例

　自分が所属するチームのために貢献するには、チームにとって役に立つと思う自分の考えや姿勢を、積極的にチームメイトに発信していくことが大切である。なぜなら、そういった積極的な行動は、他のチームメイトにも良い影響を与え、お互いに切磋琢磨できるという相乗効果や信頼関係の構築につながっていくと考えるからである。

　私は、個人の積極的な行動が、チームの向上に役立つということを、高校時代に所属していたバレーボール部で学んだ。バレーボールは、お互いに声をかけ合いながら意思疎通を図り、連係プレーを駆使して、それぞれが自分のポジションの働きをまっとうして成り立つスポーツである。そのため、コートの中では互いの息を合わせるということが求められる。そこで重要となるのが、日々の練習での積極的な行動である。私が高校1年の頃のチームは、試合であまり点数をとることができず、対戦成績が伸び悩んでいた。

　そこでみんなで話し合い、それまでの練習態度を改めて、自発的に練習時間を増やしたり、互いのプレーについての良いところや悪

① 第1段落で自分の意見をはっきりと表明する。

② 自分の体験を具体的に述べて、作文全体に説得性を持たせる。

いところについて、積極的に意見を言い合ったりするように努めた。すると、対戦成績も目に見えて上がっていったのである。

　このように、チームのために積極的に行動することは、同時にチームの質を高めるということを学んだ。自衛隊でもこのような積極性を発揮して、国や国民の生活の質を高められるよう、全力で尽くしていきたい。

③ 結論だけではなく、志望動機、抱負についてもふれる。

（28字詰作文用紙に換算すると24行657字）

アドバイス

①第1段落で自分の意見をはっきりと表明する。

　第1段落では、**作文全体**を見通すことのできる結論として、自分の意見をはっきりと述べています。また、「なぜなら～」と一歩踏み込んだかたちで、結論となる自分の意見を導き出した理由についても説明しているため、これから読み進めていこうとする人にとって、流れが**予測**しやすく、なおかつ読みやすくなります。第2段落以降は、これらの流れから**はみ出さない**ように注意すれば、まとまった作文となります。

②自分の体験を具体的に述べて、作文全体に説得性をもたせる。

　作文を書くうえで非常に大切なポイントとなるのが、自分の**実体験**に基づいた**エピソード**を盛り込むようにするということです。これは、作文の結論に**説得性**を持たせるために欠かせない要素です。また、実体験の中でも、より**具体的**なものを選んで、なぜ結論となるような考えを抱くに至ったかという**経緯**についてきちんと説明できるようにします。

ここでは、自分が所属していたバレーボールでの体験を例にあげ、練習時間の増加、積極的な意見交換など、具体的な事例についてふれており、**実感**のこもった文章が書けています。

③結論だけではなく、志望動機、抱負についてもふれる。

第3段落では、ここまで述べてきた内容がすっきりとまとめられているものの、自衛隊を志望する**動機**、自衛隊に入隊してからの**抱負**についてはふれられていません。第2段落の分量が多すぎて、第3段落に**字数**を割けなかったということも考えられます。

作文を書く際には、全体の**バランス**をみながら、第3段落に少し余裕を持たせれば、**志望動機、抱負**についても言及することができると思われます。作文を書く練習をする際には、そういったことをふまえて、段落ごとに自分が書きやすいと思えるような分量をさぐりながら書いてみるとよいでしょう。

どういったテーマであっても、**志望動機や抱負**を加えることができれば、より読み手に訴えかけることのできる文章となります。

解答例の構成の流れ

第1段落　チームに対して積極的に自分の考えや姿勢を表明する。→互いの切磋琢磨や信頼関係の構築につながる。

第2段落　バレーボール部での話し合い、積極的な意見の交換が高成績につながった。

第3段落　チームのために積極的に行動することは、チームの質を高めることにつながる。

出題例 ❷

チームを団結させるため、チームリーダーとして心がけることについて、あなたの思うところを書きなさい。

(試験時間 30 分　672 字以内)

○解答例

　チームを一つにまとめるために、チームリーダーに求められることは、チームリーダー自身が率先して、チームの他のメンバーの手本となるような行動を示していくことだと考える。

　私は以前ボランティアで、一人暮らしのお年寄りの家を訪問し、一緒に時間を過ごす活動をしていたことがある。数人でチームを組み、訪問後には反省会を開いて課題を見つけ、次の訪問の機会に生かすようにしていた。その時に私のチームのリーダーが言った言葉で、今でも忘れられないものがある。「お年寄りの役に立とうという意識は持たないほうがいい。あくまで一人の友人として接すること。」この言葉を聞くまで私は、やってあげるという意識が先に立ち、そんな自分に一人満足しているところがあった。しかし、チームリーダーのその一言を聞いてから、彼の行動に注意深く意識を向けるようにしたところ、彼自身がいかに楽しんでお年寄りに接しているか、またその楽しそうな雰囲気がどれほど周囲に良い影響を与え、チームを一つにまとめているかということに気づき、大きな感銘を受け

④

① 第1段落では自分の意見を具体的に説明する。

② ボランティアは、実際に経験したことのある例として有効。

た。
　チームを団結させることは、簡単なことではない。チームのメンバーの意見の違いをまとめたり、(ひとつ)の同じ方向に向かって引っ張っていったりすることはチームリーダーとして大切なことであり、そのためには手本となるような言動が求められる。私もチームの団結を大きな力として生かせるように、いつも自分の行動を丁寧に見返し、仲間の自衛官たちとともに大きな役割を果たせるように頑張っていきたい。

④ 複数回使用する言葉は、表記を統一すると読みやすい。

③ 安易に自分の意見を言い切ってしまわない。

（28字詰作文用紙に換算すると24行663字）

アドバイス

①第1段落では自分の意見を具体的に説明する。

　第1段落では、これから述べる自分の結論を**効果的に表明**することが望ましいです。しかし、この作文では、第1段落にあまり字数を割いていないため、ただ**安直**な意見を述べているという印象しかなく、これから読み進めていく人にとっては、少々不安な出だしといえます。ここでは、第2段落への流れを意識しつつ、**チームリーダーとして求められる心がまえ**について、**具体的**に説明するように心がけましょう。また、**チームリーダーの手本が必要であると考える理由**にまで言及することができれば、作文の導入として望ましいものとなるでしょう。

> 第1段落は作文の導入部分ではありますが、さらっと結論だけを伝えるのではなく、自分で考えた理由、根拠についてきちんと説明することが大切です。

②ボランティアは、実際に経験したことのある例として有効。

　第2段落は、結論を導き出すうえで、**根拠**となりうる**事例**をあげるべきところです。この場合、過去に見聞きしたことよりも、**クラブ活動やボランティア活動**など、自分が**集中して打ち込んだ経験**を例にあげて、なぜこういった結論を導き出すに至ったかを説明できるとよいでしょう。

　ここでは、自分が参加したボランティア活動やそこで経験した出来事について詳しくふれているため、作文全体の**説得性**を高めています。

③安易に自分の意見を言い切ってしまわない。

　チームリーダーは確かに大変な役割ですが、第3段落で、自分の経験に基づかない**一般論**について述べることは適しません。第3段落は、作文で書いてきたことを**まとめ上げる**大切な箇所ですので、一般論ではなく、あくまでも自分の**実体験**に基づく考えや意見を表明することが望まれます。

　たとえば、第2段落からの流れを受けて、「このことから、もし自分がチームリーダーになったら……のようにしたいと考える。」などと、**自分に引き寄せた意見**を表明してもよいでしょう。

④複数回使用する言葉は、表記を統一すると読みやすい。

　作文の中で同じ言葉を**2回以上**使用する場合は、表記を**統一**して、全体を読みやすく整理することが望まれます。

　ここでは、第1段落では「一つ」、第3段落では「ひとつ」となっています。表記は同じもので統一して、作文全体の**まとまりや見栄え**をよくするように注意しましょう。

解答例の構成の流れ

第1段落 チームリーダーは、チームを1つにまとめるために、手本となるような行動をとることが必要。

第2段落 ボランティア活動で出会ったリーダーが心がけていたことが、チーム全体の雰囲気づくりによい影響を与えていた

第3段落 チームリーダーは他のメンバーのよき手本となるように心がける→チームの団結に生かせるように、いつも自分の行動を見返す。

出題例❸

良好な人間関係を築くために必要なことについて、あなたの思うところを書きなさい。

（試験時間30分　672字以内）

○解答例

　お互いを思いやる時の基盤となる、人に共感する力。これが良好な人間関係を築くために必要なことだと私は考える。相手が私の思いに共感してくれると、その相手に対する感謝の気持ちとともに互いのつながりが深まったように感じるし、反対に、私が相手に対して共感をもって接すると、同じように相手にもつながりを意識してもらえると思うからである。

① 話し言葉ではなく、書き言葉で統一する。

私がそういったことを実感するようになったのは、子どもの頃から入っていたボーイスカウトで経験したことがきっかけとなっている。ボーイスカウトは、仲間と自然の中で遊んだり、ボランティア活動をしたり、国際交流をしたりすることを通して、人間として成長していくことを目的とした団体である。また団体行動が基本であるため、自分一人の考えや行動ではなく、みんなで協力することが大前提となっている。その際に必要となるのが、自分の意見を主張することばかりに気をとられるのではなく、相手の話によく耳を傾け、相手の思いに共感するということである。私は実際、ボーイスカウトの活動の中で、仲間とぶつかったり喧嘩になってしまったりしたこともあったが、その中で相手の気持ちを汲むことや共感することの大切さを知り、それが仲間との絆を強くしたと思っている。

　自衛隊の活動も団体行動であるため、共感できる力が特に必要とされる仕事であると考える。また、災害現場に派遣された際には、被災した人への心配りも大切な任務になると思う。私は、周囲の人間を思いやって仲間と良好な関係を築き、自衛官として多くの人の役に立てるよう、全力で尽くしていきたい。

（28字詰作文用紙に換算すると24行672字）

② 同じ表現が続く場合は、重複を避け、読みやすいようにコンパクトにまとめる。

③ 経験談は、具体的な記述を心がける。

④ 結論だけではなく、その結論から期待できる効果を説明する。

アドバイス

①話し言葉ではなく、書き言葉で統一する。

　作文で口語を使用することは、丁寧さに欠け、礼儀知らずともとられてしまうため、作文を書く際には、話し言葉（口語）ではなく書き言葉（文語）で書くように注意する必要があります。

　ここでは、「感じるし」ではなく、「感じられ」などとするのが望ましいでしょう。

②同じ表現が続く場合は、重複を避け、読みやすいようにコンパクトにまとめる。

　1つの文章の中で同じ表現が繰り返し使われると、読み手にまとまりのない印象を与えるとともに、実際文章自体も読みにくいものとなってしまいます。同じ表現はできるだけ削って、コンパクトでまとまった文章を書くように心がけましょう。

　この場合は、「～したり」という表現が3回も続いてしまっています。たとえば、「仲間との自然の中での遊びやボランティア活動、国際交流などを通じて～」などとするとよいでしょう。

③経験談は、具体的な記述を心がける。

　自分が経験したことについて書く場合は、具体的なエピソードについて触れると、説得力のある文章となります。その際には、ただ単にエピソードについて説明するだけでなく、そのときに自分が感じたことや学んだことを一緒に記述するように心がけると効果的です。読み手に自分の考えや意見の根拠となる事例を詳しく述べることは、作文を書く際に欠かせない要素であるということを覚えておきましょう。

　ここでは、そういった事例が詳しく書かれていないため、自分の意見の根拠となる理由がぼやけてしまっています。どのようなエピソードを通して「相手の気持ちを汲むことや共感することの大切さ」を知っ

たのかについて具体的に説明することが大切になります。

④結論だけではなく、その結論から期待できる効果を説明する。

導き出した結論から期待できる効果を説明することによって、さらに説得力のある作文とすることができます。

この作文の場合は、第１段落と第２段落で自分の考えを主張、補強し、さらに第３段落ではその結論によって得られる効果を２つあげており、段落が効果的に使われています。

解答例の構成の流れ

 良好な関係を築くためには、互いのつながりを深める共感力が必要。

 ボーイスカウトという経験を通して、相手の話によく耳を傾け、共感することが、仲間との絆を強くするということを学んだ。

 自衛隊の活動でも共感力は欠かせない要素であり、関わりを持つ人への心配りを忘れずに、任務に当たりたい。

 どういった経験であっても、自分の心がけ次第で、必ずそこから学べるものがあります。そうやって得た自分なりの考えを深めるように努力すれば、自ずと具体的でわかりやすい体験談、効果的な結論を書くことができるようになるでしょう。

出題例 ❹

「自信をもって行動するために必要なこと」についてあなたの考えを書きなさい。

(試験時間 30 分　672 字以内)

○解答例

　自信をもって行動するためには、明確な目標をもち、それに向けて自発的に立てた計画を確実に実行していくことが必要だと考える。そして、そうした過程を経ることで、自分自身が信頼できるようになり、何か大変な事態に遭遇しても、それを乗り越えていく自信につながると思う。

　私は中学でバスケ部に入っていた時に、目標を持つことの大切さ、それを達成していく喜びを味わった。まったくの初心者で始めたスポーツだったため、最初は顧問の先生の言うことや先輩たちのやることについていくのが精一杯だった。しかし、言われたことだけやっていても強くはなれないと思い、本を買って勉強したり、練習時間よりも少し早めに行って自主練習を行ったりした。目標も具体的なものにして、レギュラーになって、チームの中で誰よりもシュートを決めることができるようになることとした。レギュラーには比較的すぐになれたが、シュートの場合、試合でフリースローを決めることが苦手でなかなか点数につながらなかった。しかし、毎日少しずつ練習を積み重ね、3 年生の頃には安

① 作文の課題に沿った書き方でわかりやすくする。

② 1 つの文章の前後を入れ替えると一層読みやすくなる場合がある。

定してフリースローが決まるようになっていた。また顧問の先生には、私の練習に対する姿勢が、他のチームメイトの良い刺激になっていると言われ、それもさらなる自信となり試合でのいい成績につながっていったと思う。
　テレビで自衛隊の活躍を見ていると、厳しい状況の中で大変な活動をしていることがよくわかる。私はそんな中でも目標をもって行動して自信を育み、立派な自衛官になりたいと思う。そして、少しでも多くの人の役に立つ人間になりたい。

③ 客観的な事実は主観的な意見を補強する材料となる。

（28字詰作文用紙に換算すると 24 行 669 字）

アドバイス

①作文の課題に沿った書き方でわかりやすくする。

　この作文の課題は「自信をもって行動するために必要なこと」ですが、作文の問題文をそのまま用いた「**自信をもって行動するためには～が必要だと考える**」という書き出しは、最初に結論を明確に伝えることができ、読み手には以降の文章も整理されていると期待させます。また、論理的に話を進めることができると印象づけることもできるため、文章を書き出す方法としてとり入れて、練習することをおすすめします。

②1つの文章の前後を入れ替えると一層読みやすくなる場合がある。

　文章の要点をわかりやすくし、自分の主張をきちんと伝わりやすいものとするためには、自分が何を強調したいかを見極めて、その強調したいことを主語として用いるとうまくいく場合があります。
　この文の場合は、「私が目標を持つことの大切さ、それを達成して

いく喜びを味わったのは、中学でバスケ部に入っていた時である」とすると、「**目標を持つことの大切さ、それを達成していく喜び**」が強調され、第1段落での結論とうまく対応しています。また、作文自体の流れもよくなり、一層読みやすい文章となっています。

③客観的な事実は主観的な意見を補強する材料となる。

　作文では、それを書く人の**主張**や**考え**を効果的に相手に伝えることのできる能力が求められます。しかしその際に、主観的な主張ばかりを繰り返してしまうと、作文全体も独りよがりなものとなってしまいかねません。そこで大切なのが、自分の体験と一緒に、客観的な事実についても述べるようにすることです。

　この作文では、テレビを通じて、普段あまり目にすることのできない**自衛隊の活動**を目の当たりにしたという経験について書き、そこで知った**客観的事実**と自分が導き出したい**結論**とをうまく結びつけることができています。

解答例の構成の流れ

第1段落：明確な目標を持って、それを実行していくことは、自己への信頼を育み、自信へとつながる。

第2段落：バスケ部において、目標を持って自主的に練習することで、自分だけでなくチーム全体の成績向上につながった。

第3段落：自衛隊も、厳しい状況の中での活動を余儀なくされる場合があるが、目標を持って行動し、人の役に立つ自衛官になりたい。

出題例 ⑤

一般曹候補生を受験した動機について述べなさい。

（試験時間30分　672字以内）

○解答例

　私は幼い頃から、人に喜んでもらうことが大好きで、将来は人の役に立つ仕事がしたいと漠然と考えていた。また、阪神淡路大震災で親戚が被災し、その時の救助活動に携わった自衛隊の人の話を何度も聞かされていたこともあり、自衛隊は私にとって身近な存在であった。そんな中、東日本大震災が発生し、私にも何かできればと思い、岩手県に週末ボランティアとして出かけていった。その時に、被災地での自衛隊の活躍を目の当たりにして、私も自衛隊に入りたいと強く思うようになった。

　私が被災地に行って何よりも驚いたのは、自衛隊員の士気の高さである。非常に過酷な状況の中、一人でも多くの人命を救おうという決意と、それに伴う行動力には、こちらの意識まで自ずと高まるような感動を覚えた。また、ほとんど休憩や睡眠をとれず、それでも黙々と救援作業に向かう姿や、被災した人たちへのおにぎりなどの炊き出し、お風呂の用意などを笑顔で手際よくこなしている姿には、強い憧れを感じた。そして何より、被災地の人たちが心から喜んでいた顔が忘れられない。

② 第1段落の最初の1文で、作文全体の結論を述べてしまう。

① 体験談などのエピソードは具体的に説明する。

災害はいつどこで起こるかわからない。阪神淡路大震災でも、今回の大災害でも、多くの人の命が犠牲となってしまった。しかし、真っ先に駆けつけた自衛隊に力づけられた人も、たくさんいただろう。それは、なすすべもなかった被災地以外の人も同様であったと(思う)。私も自衛隊に入り、いざという時に真っ先に駆けつけ、少しでも多くの人を助け、励ますことのできる人間になりたいと(思う)。

③ 単調な表現に注意する。

（28字詰作文用紙に換算すると23行628字）

アドバイス

①体験談などのエピソードは具体的に説明する。

　これまで述べてきたように、作文で**体験談**について説明する場合は、より**具体的**なものになるように心がける必要があります。

　ここでは、自衛隊の人から聞かされた話の内容についてきちんと説明することができれば、こちらの**意図**が読み手により伝わりやすくなります。また、たとえば、阪神淡路大震災で人から**聞いた話**と東日本大震災での**経験**の**両方**を第2段落で説明すれば、作文全体が整理されたものとなって好ましいものとなります。

　作文の構成を考えるうえで、第1段落、第2段落、第3段落のそれぞれの役割を明確にしておけば、迷いながら書く必要がなくなり、筆が**スムーズ**に運びやすくなります。

②第1段落の最初の1文で、作文全体の結論を述べてしまう。

　第1段落の最初の1文で結論を述べれば、作文全体がわかりやすく、**見通しの立った**ものとすることができます。そのため、この文章を**序論**にもってくるようにすれば、作文の**趣旨**がより伝わりやすくなりま

す。

　この場合は、「私が自衛隊に入りたいと強く思うようになったのは、〜である。」とすれば、その後の流れがつかみやすく、かつ読みやすくなるでしょう。

　最初にあいまいな事実だけを述べて、先まで読み進めないと結論がわからないのは、作文の構成として望ましいものではありません。字数も 672 字以内と限られているため、端的にわかりやすく書く練習を積み重ねることが大切です。

③単調な表現に注意する。

　同じ表現が続くと、読み手側に違和感を与えやすく、単調な印象を与えてしまいます。特に文末の表現については、変化をもたせてリズムをよくするように心がけましょう。

　この場合、結びの文の1つ前の文章でも「〜と思う」となっているため、「〜のできる人間になりたい」などと変えた形で文章を終わらせるとよいでしょう。

　なお、「〜と思う」という表現は、少し意思の弱い印象を与えがちです。「〜と考える」「〜したい」という表現を意識して使うように心がけると、作文全体から積極的な意思が感じられて好印象です。

文末の表現で、読み手の印象は大きく変わります。単調にならないように注意しながら、適切な表現を見つけましょう。

解答例の構成の流れ

第1段落 → 被災地での自衛隊の活躍を人から見聞きしたり、実際に見た経験から、自衛隊に入りたいと思うようになった。

第2段落 → 実際に、被災地での自衛隊員の活躍や被災地の人に感謝されている姿を見て、強く心を動かされた。

第3段落 → 何か起こった時に真っ先に駆けつけ、人を励まし、人の役に立てるような自衛隊員になりたい。

作文についてのまとめ

① 自分の考えを、**論理的**に、**わかりやすく**書く。
② 原稿用紙の **8割以上** を埋める。
③ 「**である調**」で統一する。
④ 口語は避ける。
⑤ 1人称は「**私**」に統一する。
⑥ 自分の体験から**具体的**に書く。
⑦ **前向きな姿勢**を示す。
⑧ **出題意図**に沿った結論で締めくくる。

さくいん

国語

当て字	33
慣用句	67
近代文学作品	76
謙譲語	22
現代文学作品	78
古典文学作品	74
ことわざ	67
熟字訓	33
自立語	11
尊敬語	22
同音異義語	46
同音異字	44
同訓異字	50
内容把握	82
品詞の種類	11
付属語	14
要旨把握	80
四字熟語	60

数学

因数分解	102
解の判別式	159
加減法	119
基本対称式	115
三角比の値	171
指数法則	99
乗法公式	99
正弦定理	178
接線の傾き	143
絶対値の性質	106
切片の位置	143
対称移動	146
代入法	119
多項式	98
単項式	98
頂点	153
定義域	153
同類項	100
2次不等式の解法	165
2次方程式の解法	157
二重根号の一重化	111
不等式の解法	124
分配法則	99
分母の有理化	110
平行移動	146
平方根の計算	108

ヘロンの公式	183
変形公式	116
放物線	138, 162
未知数	133
余弦定理	179
立体図形の公式	188
連立不等式の解法	127
連立方程式の解法	119

英語

過去完了形	264
基本5文型	197
形式主語	242
原形不定詞	245
現在完了形	262
現在完了進行形	263
ことわざ	268
使役動詞	245
時制の一致	265
自動詞	197
受動態	226
全体否定	256
他動詞	197
知覚動詞	245
動詞句	269
動詞の活用(不規則変化)	214
派生語	210
反意語	208
部分否定	256
無生物主語	268
名詞の複数形(不規則変化)	213

作文

減点要素12か条	298
作文評価のポイント	293
14の基本ルール	278
先結後説パターン	285
先説後結パターン	285
属人的特性	291
段落	284
定性的評価	291
定量的評価	291
論文	276

本書に関する正誤等の最新情報は、下記のアドレスでご確認ください。
http://www.s-henshu.info/jtigt2301/

上記掲載以外の箇所で正誤についてお気づきの場合は、**書名・発行日・質問事項**（該当ページ・**行数**などと**誤りだと思う理由**）・**氏名**・**連絡先**を明記のうえ、お問い合わせください。
・webからのお問い合わせ：上記アドレス内【正誤情報】へ
・郵便またはFAXでのお問い合わせ：下記住所またはFAX番号へ
※電話でのお問い合わせはお受けできません。

[宛先]　コンデックス情報研究所
　　　　『自衛隊 一般曹候補生 合格テキスト』係
　住所　　：〒359-0042　所沢市並木3-1-9
　FAX番号：04-2995-4362　（10:00～17:00　土日祝日を除く）

※本書の正誤以外に関するご質問にはお答えいたしかねます。また受験指導などは行っておりません。
※ご質問の受付期限は、各試験日の10日前必着といたします。
※回答日時の指定はできません。また、ご質問の内容によっては回答まで10日前後お時間をいただく場合があります。
あらかじめご了承ください。

■編著：コンデックス情報研究所
　　　　1990年6月設立。法律・福祉・技術・教育分野において、書籍の企画・執筆・編集、大学および通信教育機関との共同教材開発を行っている研究者・実務家・編集者のグループ。

自衛隊 一般曹候補生 合格テキスト

2023年3月30日発行

編　著	コンデックス情報研究所
発行者	深見公子
発行所	成美堂出版
	〒162-8445　東京都新宿区新小川町1-7
	電話(03)5206-8151　FAX(03)5206-8159
印　刷	大盛印刷株式会社

©SEIBIDO SHUPPAN 2016　PRINTED IN JAPAN
ISBN978-4-415-22128-1
落丁・乱丁などの不良本はお取り替えします
定価はカバーに表示してあります

・本書および本書の付属物を無断で複写、複製(コピー)、引用することは著作権法上での例外を除き禁じられています。また代行業者等の第三者に依頼してスキャンやデジタル化することは、たとえ個人や家庭内の利用であっても一切認められておりません。